W0254749

MikroComputer-Praxis

Die Teubner Buch- und Diskettenreihe für
Schule, Ausbildung, Beruf, Freizeit, Hobby

Becker/Mehl: **Textverarbeitung mit Microsoft WORD**
251 Seiten. DM 26,80

Buschlinger: **Softwareentwicklung mit UNIX**
277 Seiten. DM 38,–

Danckwerts/Vogel/Bovermann: **Elementare Methoden der Kombinatorik**
Abzählen – Aufzählen – Optimieren – mit Programmbeispielen in ELAN
206 Seiten. DM 24,80

Duenbostl/Oudin: **BASIC-Physikprogramme**
152 Seiten. DM 23,80

Duenbostl/Oudin/Baschy: **BASIC-Physikprogramme 2**
176 Seiten. DM 24,80

Erbs: **33 Spiele mit PASCAL**
... und wie man sie (auch in BASIC) programmiert
326 Seiten. DM 32,–

Erbs/Stolz: **Einführung in die Programmierung mit PASCAL**
3. Aufl. 240 Seiten. DM 25,80

Fischer: **COMAL in Beispielen**
208 Seiten. DM 24,80

Grabowski: **Computer-Grafik mit dem Mikrocomputer**
215 Seiten. DM 24,80

Grabowski: **Textverarbeitung mit BASIC**
204 Seiten. DM 25,80

Haase/Stucky/Wegner: **Datenverarbeitung heute**
mit Einführung in BASIC
2. Aufl. 284 Seiten. DM 23,80

Hainer: **Numerik mit BASIC-Tischrechnern**
251 Seiten. DM 26,80

Hoppe/Löthe: **Problemlösen und Programmieren mit LOGO**
Ausgewählte Beispiele aus Mathematik und Informatik
168 Seiten. DM 21,80

Klingen/Liedtke: **ELAN in 100 Beispielen**
239 Seiten. DM 26,80

Klingen/Liedtke: **Programmieren mit ELAN**
207 Seiten. DM 23,80

Koschwitz/Wedekind: **BASIC-Biologieprogramme**
191 Seiten. DM 24,80

Fortsetzung auf der 3. Umschlagseite

MikroComputer–Praxis

Herausgegeben von
Dr. L. H. Klingen, Bonn, Prof. Dr. K. Menzel, Schwäbisch Gmünd
und Prof. Dr. W. Stucky, Karlsruhe

PASCAL in Übungsaufgaben

Fragen, Fallen, Fehlerquellen

Unter besonderer Berücksichtigung
von Turbo-Pascal und UCSD-Pascal

Von Wolfgang J. Weber, Bad Homburg v. d. H.

Springer Fachmedien Wiesbaden GmbH 1986

CIP-Kurztitelaufnahme der Deutschen Bibliothek

Weber, Wolfgang J.:
PASCAL in Übungsaufgaben : Fragen, Fallen, Fehlerquellen ; unter bes. Berücks. von Turbo-Pascal u. UCSD-Pascal / von Wolfgang J. Weber. – Stuttgart : Teubner, 1986.
(MikroComputer-Praxis)
ISBN 978-3-519-02539-9 ISBN 978-3-322-96685-8 (eBook)
DOI 10.1007/978-3-322-96685-8

Ursprünglich erschienen bei B. G. Teubner, Stuttgart 1986

Gesamtherstellung: Beltz Offsetdruck, Hemsbach/Bergstraße
Umschlaggestaltung: M. Koch, Reutlingen

Vorwort

Die hier gesammelten Aufgaben und Probleme sollen zu einer aktiven Auseinandersetzung mit Pascal anregen, wobei einerseits die wichtigen Haupteigenschaften von Pascal behandelt werden und andererseits auch einige weniger bekannte Eigenarten - bis hin zu Fallen - berücksichtigt werden.

Die Aufgaben sind aus der Beobachtung des Lernverhaltens von Schülern, Studenten und Erwachsenen entstanden. Viele Aufgaben sind Reaktionen auf häufig auftretende Lern- und Verständnisschwierigkeiten, und sie wurden im Verlauf von zwei Jahren in der Unterrichtspraxis erprobt und verbessert.

Es wurde versucht, die Aufgaben thematisch zu ordnen, jedoch waren Überschneidungen und Vorgriffe nicht ganz zu vermeiden. Zu komplexeren Themen finden sich auch vollständige Programmbeispiele. Berücksichtigt wurden die auf Mikrocomputern weit verbreiteten Pascal-Dialekte UCSD-Pascal und Turbo-Pascal. Von anderen Aufgabensammlungen unterscheidet sich diese Sammlung durch die Betonung der Eigenarten der Sprache Pascal: nicht das Programmieren allgemein ("Vom Problem zum Programm"), sondern der souveräne Umgang mit einer speziellen Sprache, d.h. ihren Datenstrukturen und ihren Kontrollstrukturen, sind hier das Thema.

Zu allen Aufgaben werden kommentierte Lösungen gegeben, so daß auch der weniger Geübte niemals im Unklaren gelassen wird. Diese Sammlung eignet sich daher zum Selbststudium und zur Prüfungsvorbereitung. Aber auch Lehrer und Dozenten können Anregungen für ihre Unterrichtsvorbereitung finden. Sollen Aufgaben direkt für Klausuren übernommen werden, muß zuvor der Zeitbedarf für die Bearbeitung realistisch abgeschätzt werden. Die hier vorgelegten Aufgaben sind im Hinblick auf Schwierigkeitsgrad und Zeitaufwand untereinander überhaupt nicht gleichwertig.

Die Bearbeitung der Aufgaben braucht keineswegs nur als "Trockenübung" am Schreibtisch zu erfolgen, die gleichzeitige Benutzung eines Pascal-Computers erscheint sehr sinnvoll.

Hinweise zum Lernen mit diesem Buch:

In 10 Kapitel gegliedert finden Sie eine Anzahl von Aufgabenblättern jeweils auf den ungeradzahligen (rechten) Seiten. Auf den geradzahligen Seiten (den jeweiligen Rückseiten) befinden sich die zugehörigen Lösungen. Die einzelnen Kapitel müssen nicht unbedingt vollständig und auch nicht notwendigerweise in der angegebenen Reihenfolge durchgearbeitet werden.

Jedes Kapitel wird eingeleitet durch kurze Bemerkungen zur Thematik mit besonderer Berücksichtigung der folgenden Aufgaben. Diese Überblicke können natürlich ein Lehrbuch nicht ersetzen, Sie sollten parallel zu dieser Aufgabensammlung eines benutzen. Zur Auswahl eines Lehrbuchs sei folgender Ratschlag erlaubt: Wenn das Buch kein Stichwortregister hat, dann ist es disqualifiziert. Wenn im Stichwortregister nicht die Begriffe Parameterübergabe, dynamische Datenstruktur und Zeiger (oder sinnverwandte Begriffe) auftauchen, dann ist es ebenso ausgeschieden. Wenn inhaltlich die betreffenden Konzepte nicht verständlich oder zu knapp behandelt werden, dann ist es schließlich auch disqualifiziert. Nachdem nun etwa die Hälfte der derzeit angebotenen Lehrbücher zu Pascal nicht mehr in Frage kommt, wählen Sie eines, das in möglichst korrektem Deutsch verfaßt ist - es gibt solche! - und nicht maßlos überteuert erscheint.

Wenn Sie die gegebenen Lösungen der Aufgaben in diesem Buch sofort lesen, bevor Sie selbst darüber nachgedacht haben, dann vereinfachen Sie sich Ihre Arbeit entscheidend. Sie kommen so auch schneller durch das Buch. Der einzige kleine Nachteil wäre, daß Sie dabei vermutlich recht wenig lernen würden.

Dank: Anregungen und Hinweise verdanke ich Herrn Dr. Karl Hainer, Herrn Dr. Michael Mrowka und Herrn Michael Pape. Frau Aenne Sauer war bei der für Außenstehende sehr verwirrenden Schreibarbeit eine große Hilfe. Frau Sieglinde Hartmann bin ich wegen technischer Unterstützung zu Dank verbunden.

Bad Homburg v.d.H., März 1986 Wolfgang J. Weber

Inhaltsverzeichnis

Vorwort 3
Inhaltsverzeichnis 5
Hinweise zur Schreibweise 6
Einleitung 7

1 Grundlagen 9
2 Arithmetik 23
3 Boolesche Ausdrücke und Variable 39
4 Schleifen 49
5 Datentypen 57
6 Fehler und Fehlerquellen 79
7 Unterprogramme 89
8 Dateien 111
9 Dynamische Datenstrukturen 121
10 Programmierstil 131

Methodische Überlegungen 143

Literatur 146
Titel der Aufgabenblätter 149
Stichwortverzeichnis 151

Hinweise zur Schreibweise

Reservierte Wörter (Schlüsselwörter) erscheinen in Kleinbuchstaben und fett.

Vordefinierte Namen (Standardbezeichner) erscheinen in Kleinbuchstaben und mager. Ausnahme ist Boolean, weil Boole ein Eigenname ist. Wir folgen nicht dem neueren Gebrauch, der etwa durch Modula-2 nahegelegt wird, statt z.B. writeln jetzt WriteLn zu schreiben.

Vom Programmautor vergebene Namen erscheinen in Großbuchstaben.

Im übrigen spielt die Wahl von Groß- oder Kleinschreibung in Pascalprogrammen keine Rolle. Die genannte Unterscheidung soll lediglich dem Leser die Orientierung erleichtern.

Anstelle der Kommentarklammern { } werden hier durchgängig die Ersetzungszeichen (* und *) benutzt. Der Hochpfeil ↑ , den wir in diesem Text verwenden, erscheint auf den meisten Computern als ^ oder in selteneren Fällen als "at-sign"@.

Zum Umschlag:

In der Abbildung finden sich zwei Fehler:

1) **var** SORTE = (DM, US$, YEN);

   Ein Bezeichner darf keine Sonderzeichen enthalten. Richtig wäre beispielsweise:

   var SORTE = (DM, USDOLLAR, YEN);

2) **if** SORTE = 'DM' **then** KURS := 1;

   Der Wert der Variablen SORTE darf nicht in Hochkommata erscheinen.

Einleitung

Die Programmiersprache Pascal macht es dem Programmierer leicht, verständliche Programme zu schreiben. Sie bietet eine Vielfalt an Datentypen und komfortable Kontrollstrukturen. Die Zerlegung von Programmen in überschaubare Einheiten, deren Korrektheit einzeln leichter überprüft werden kann als ein unstrukturiert aufgebautes Gesamtprogramm, ist leicht möglich (Blockstrukturierung).

Häufig wird Pascal sogar als Fachsprache verwendet, um Strukturen und Algorithmen der Informatik darzustellen. In mancher Hinsicht kann sie daher als die lingua franca, als Weltsprache, der Informatik bezeichnet werden. Auch wer nicht selbst aktiv programmieren will, muß einige Grundkenntnisse erwerben, um fremde Programme zu verstehen. Die Beschäftigung mit Pascal erschließt viele (jedoch nicht alle!) Konzepte, die moderne imperative Programmiersprachen kennzeichnen. Dazu gehören:

- genaue Typfestlegung,
- Lokalität von Variablen,
- Blockstrukturierung von Programmen.

Kenntnis dieser Konzepte erleichtert das Verständnis anderer wichtiger Sprachen wie Ada, C und Modula sowie von Sprachen, die zunehmend im Informatikunterricht Verwendung finden wie COMAL, ELAN und SPIC, und von zukünftig entwickelten Sprachen.

Pascal selbst gehört auch heute noch zu den modernsten Programmiersprachen, obwohl ihre Anfänge bis in das Jahr 1968 zurückreichen und schon vor über 10 Jahren, 1974, die grundlegende Sprachdefinition von Jensen und Wirth [22] veröffentlicht wurde. Für Mikrocomputer gibt es zwei wichtige Versionen:

1) UCSD-Pascal wurde um 1979 an der Universität von Kalifornien in San Diego entwickelt. Es ebenete dem Einsatz der Sprache Pascal auf Mikrocomputern den Weg und wird noch häufig eingesetzt. Die Programmierumgebung, die u.a. einen leistungsfähigen Editor bietet, erscheint jedoch für Ausbildungszwecke als etwas schwerfällig.

2) Turbo-Pascal wurde 1983 veröffentlicht und ist unter mehreren Betriebssystemen (CP/M-80, MS-DOS bzw. PC-DOS etc.) verfügbar. Der Compiler überrascht durch seine hohe Geschwindigkeit, er ist

außerdem vergleichsweise preiswert. Turbo-Pascal ist für kleine und mittlere Programme gut geeignet.

Weitere auf Mikrocomputern verfügbare Pascalversionen sind Pascal MT+ (Digital Research) und Microsoft Pascal, die auch für größere Programme geeignet sind.

Wegen ihrer reichen Möglichkeiten erfordert Pascal eine intensivere Auseinandersetzung als z.B. BASIC und selbst FORTRAN. Erst der Geübte kann die mächtigen Möglichkeiten dieser Sprache sinnvoll einsetzen und die Angemessenheit fremder Problemlösungen beurteilen.

Allen in der Praxis verwendeten Pascalversionen ist gemeinsam, daß sie in einigen Punkten sowohl von der ursprünglichen Definition [22] als auch von der Norm ISO 7185 vom November 1983 und DIN 66 256 vom März 1984 abweichen [15]. Dies betrifft insbesondere die Erweiterung um einen Datentyp string für Zeichenketten und zugehörige Standardfunktionen und -prozeduren (vgl. Kapitel 5).

In diesem Buch werden daher drei Sprachdefinitionen berücksichtigt: Standard-Pascal entsprechend DIN 66 256, UCSD-Pascal und Turbo-Pascal. Besonderheiten, wie z.B. die Übergabe von Funktionen und Prozeduren als Parameter an Unterprogramme sowie Konformreihungsparameter, werden hier nicht behandelt, weil sie weder in UCSD- noch in Turbo-Pascal realisiert sind.

1 Grundlagen

Die Erstellung auch einfacher Pascal-Programme setzt umfangreiche Grundkenntnisse voraus. Einige sollen schnell in Erinnerung gerufen werden.

Programme in Pascal bestehen aus drei Teilen, deren Reihenfolge eingehalten werden muß:

(a) Kopfzeile mit dem Schlüsselwort **program** und dem Namen des Programms,

(b) Vereinbarungsteil, in dem insbesondere die im Programm gebrauchten Konstanten, Typen und Variablen deklariert werden müssen; der Vereinbarungsteil kann (bei sehr einfachen Programmen) entfallen,

(c) Anweisungsteil mit dem eigentlichen Programmtext des Hauptprogramms.

Manche Regeln des Syntax ergeben sich direkt aus der Logik der Sprache. Zum Beispiel ist es sofort einsichtig, daß reservierte Wörter wie z.B. **begin** und **end** nur in dem festgelegten Sinn gebraucht werden dürfen. Sie sind geschützt und sie dürfen nicht als Namen, z.B. von Variablen, benutzt werden.

Eine weitere leicht einzusehende Regel ist, daß Konstantenvereinbarungen den Typ- und Variablenvereinbarungen vorangehen müssen, wenn die Konstanten bei diesen Typ- und Variablenvereinbarungen bereits benutzt werden.
Hier treffen wir aber bereits auf einen Unterschied zwischen den Dialekten UCSD- und Turbo-Pascal: In UCSD ist, ebenso wie in Standard-Pascal, die Reihenfolge festgelegt (**label**, **const**, **type**, **var**, danach **procedure** und **function** in beliebiger Anzahl und Reihenfolge). In Turbo-Pascal können diese Vereinbarungen in jeder sinnvollen Reihenfolge und auch wiederholt auftreten.

Andere Regeln der Pascal-Syntax sind allerdings überhaupt nicht einsichtig, denn sie sind willkürlich. Man muß sich an sie gewöhnen und kann sie nicht aus der Sachlogik herleiten. So muß man sich einprägen, daß bei Konstanten- und Typvereinbarungen das Zeichen = und bei Variablenvereinbarungen das Zeichen : benutzt wird. Sinnvoll ist, daß für Wertzuweisungen ein anderes Symbol verwendet wird, nämlich das Doppelzeichen :=.

Es ist klar, daß die willkürlichen Setzungen in der Sprache Pascal dem Lernenden größere Schwierigkeiten bereiten als die immanent logischen. Deshalb müssen sie nachdrücklich geübt werden.

Eine wesentliche Informationsquelle in Zweifelsfragen sind Syntaxdiagramme ("Eisenbahnrouten"). Zu beachten ist, daß man mit ihnen Aussagen zwar leicht widerlegen, sie jedoch nicht als richtig beweisen kann. Das heißt: Programmanweisungen, die mit den Syntaxdiagrammen von Pascal konform sind, können richtig und sinnvoll sein, sie müssen es aber nicht sein. Nur die syntaktische Korrektheit nicht aber die semantische Korrektheit ist durch Syntaxdiagramme überprüfbar.

Regeln für das Verständnis von Syntaxdiagrammen wie sie z.B. in [36] und [39] benutzt werden:

- Kreise enthalten Satzzeichen der Pascal-Syntax, z.B. ";", ":=" etc. Sie sind exakt zu übernehmen.
- Ovale enthalten reservierte Wörter, (Schlüsselwörter), die genau wie angegeben im Programmtext auftreten müssen, wie z.B. **for**, **repeat**. (Reservierte Wörter werden in diesem Buch klein und fett geschrieben.)
- Rechtecke enthalten Begriffe, die an anderer Stelle definiert werden, wie z.B. "Anweisung", "Name".

Für den Anfänger ist es gelegentlich auch verwirrend, daß in Pascal eine Unterscheidung getroffen wird zwischen geschützten Wörtern (Schlüsselwörter) einerseits und bloß vordefinierten Namen wie real, integer usw. andererseits. Während die ersten eine genau fixierte Bedeutung tragen, können die zweiten durch den Programmautor umdefiniert werden. Eine solche Neudefinition ist aber nur in Ausnahmefällen sinnvoll. (Vordefinierte Namen werden in diesem Buch klein und mager geschrieben.)

Im Zusammenhang mit Pascal tritt häufig das Adjektiv "strukturiert" auf. Der derzeit zu beobachtende unscharfe Gebrauch ist nicht immer hilfreich. Wichtig erscheint die Unterscheidung zwischen einfachen Datentypen und strukturierten Datentypen. Einfach sind die vordefinierten Typen real, integer, Boolean und char sowie vom Benutzer definierte Aufzählungstypen und Unterbereichstypen. Die einfachen Typen mit Ausnahme von real heißen übrigens auch ordinale Typen. Strukturiert sind die Datentypen **array**, **record**, **set** und **file**, bei denen jeweils mehrere Variable zu einem Ganzen zusammengefaßt werden können. In diesem Abschnitt treten nur einfache Datentypen auf.

Geschützte Wörter und vordefinierte Namen

Der Text eines Programms besteht im wesentlichen aus drei Arten von Wörtern (Namen) sowie verschiedenen 'Satzzeichen' wie Semikolon, Doppelpunkt, Klammern usw.

1. Geschützte Wörter, wie **program**, **function**, **end**, dürfen nur in der festgelegten Bedeutung benutzt werden.
2. Vordefinierte Namen, wie integer, odd, text, tragen bereits eine Bedeutung, jedoch dürfen sie umdefiniert werden.
3. Vom Benutzer gewählte Namen können ansonsten frei definiert werden.

a) Markieren Sie die Art des angegebenen Wortes:

	geschütztes Wort	vordefinierter Name	zulässig als selbstdefinierter Name
CHR			
DEFAULT			
ENDE			
EOF			
FOR			
GOTO			
REAL			
SET			
TYP			
TO			
WITH			
ZERO			

b) Welche der folgenden Symbole dürfen in einem Programmtext auftreten?

	darf auftreten	darf nur in Kommentaren oder Texten auftreten
...		
*		
**		
:		
&		
$		

Lösungen (Geschützte Wörter und vordefinierte Namen)

Geschützte Wörter als solche, wie z.B. **end** , dürfen nicht als Namen verwendet werden. Jedoch dürfen sie Bestandteil von Namen sein, z.B. ist ENDE zulässig.
Die theoretisch wichtige Unterscheidung zwischen geschützten Wörtern und vordefinierten Namen hat auch praktische Bedeutung, weil die unbeabsichtigte Verwendung eines vordefinierten Bezeichners in Abweichung von der Vorgabe nicht als Fehler bei der Übersetzung erscheint. Die ursprüngliche Bedeutung des betreffenden Namens ist dann verloren. Beispiel: Nach der (erlaubten) Vereinbarung **var** TEXT: string[25] ist der Dateityp text nicht mehr verfügbar. Abweichend vom Standard gibt es in UCSD- und in Turbo-Pascal einige weitere reservierte Wörter. Auch bietet jeder Dialekt mehr vordefinierte Bezeichner als der Standard.

a)

	geschütztes Wort	vordefinierter Name	zulässig als selbstdefinierter Name
CHR		x	x
DEFAULT			x
ENDE			x
EOF		x	x
FOR	x		
GOTO	x		
REAL		x	x
SET	x		
TYP			x
TO	x		
WITH	x		
ZERO			x

b)

	darf auftreten	darf nur in Kommentaren oder Texten auftreten
...		x
*	x	
**		x
:	x	
&		x
$		x

Pascal-Vokabular

a) Im Zusammenhang mit welchen Anweisungen tritt das Schlüsselwort **do** auf?

b) Im Zusammenhang mit welchen Datentypen tritt das Schlüsselwort **of** auf?

c) Gibt es eine Kontrollstruktur, die das Schlüsselwort **of** enthält? Wenn ja, dann geben Sie ein Beispiel an!

d) Die folgenden Zeilen enthalten mehrere Syntaxfehler, die zu korrigieren sind:

```
programm ERSTAUNEN;
const JAHR=86; ZINS=4,75;
type KATEGORIE='A'..'E';
var HALT: Boolean; EIN,AUS: chr;
    WERTE: real array of [1..1Ø];
procedur LIES(var I: integer);
begin
  repeat
    read(I:2) until I in [1..1Ø]
  end (* Schleife *);
end (* Proz. LIES *);
...
```

e) Zur Division von Real-Zahlen dient der Operator /, zur Division von Integer-Zahlen dient der Operator **div**. Weshalb ist es zulässig, eine Real-Division ohne trennende Leerzeichen etwa wie folgt zu schreiben:

Ø.6/1.2 ,

während die entsprechende Schreibweise für Integer nicht erlaubt ist:

6**div**12 ?

Lösungen (Pascal-Vokabular)

a) Das Schlüsselwort **do** tritt in Verbindung mit drei Strukturen auf: **for...to...do** bzw. **for...downto...do, while...do** und **with...do.** Dabei leitet **do** jeweils eine Anweisung oder eine in **begin...end** geklammerte Anweisungsfolge ein.

b) Das Schlüsselwort **of** tritt in Verbindung mit den Datentypen **array, set** und **file** auf. Auf **of** folgt eine Typbezeichnung.

c) Ja, **of** tritt in der **case**-Anweisung auf. Beispiel:

```
var ANREDE : (FRAU, FRL, HERR, FIRMA);
...
case ANREDE of
  FRAU : writeln ('Sehr verehrte, gnädige Frau');
  FRL  : writeln ('Sehr geehrtes Fräulein');
  ...
end (*case*);
```

d) Die 11 Zeilen enthalten 7 Fehler; fehlerfrei sind die Zeilen 3, 7, 8 und 11. Der Übersetzer würde allerdings Zeile 1Ø als korrekt und Zeile 11 als falsch werten. Richtig ist:

```
program ERSTAUNEN;
const JAHR=86; ZINS=4.75;
type KATEGORIE= 'A'..'E';
var HALT: Boolean; EIN,AUS:char;
    WERTE: array [1..1Ø] of real;
procedure LIES (var I: integer);
begin
  repeat read(I) until I in [1..1Ø];
end (* Proz.LIES *);
...
```

e) Die Operatoren / und **div** benötigen eigentlich davor und dahinter ein Trennungszeichen, z.B. eine Leerstelle. Die Bedeutung des Ausdrucks Ø.6/1.2 ist aber dennoch eindeutig erkennbar, während bei 6**div**12 unklar ist, ob der Operator **div** oder ein Name DIV12 gemeint ist.

Vereinbarungsteil

a) Vervollständigen Sie den folgenden Programmteil so um den Vereinbarungsteil, daß ein lauffähiges Programm entsteht:

```
program QUADRATE;
...
begin
  for I := 1 to N do
    writeln(I,'*',I,' = ',I*I)
end.
```

Die Konstante N soll den Wert 1ØØ haben.

b) Im Vereinbarungsteil dürfen Typen, Variable, Konstanten und Sprungmarken nur in einer festgelegten Reihenfolge vereinbart werden. Geben Sie diese Reihenfolge an! (Gilt nicht für Turbo-Pascal!)

c) Richtig oder falsch? "Alle Prozedurdeklarationen haben vor den Funktionsdeklarationen zu stehen."

d) Ist die folgende Vereinbarung syntaktisch korrekt?

```
type WOCHE = (1..7); var TAG: WOCHE;
```

Handelt es sich beim Typ Woche um einen Aufzählungstyp oder einen Unterbereichstyp?

e) Ist die folgende Vereinbarung syntaktisch korrekt?

```
var A: real; B: real; C: real;
```

f) Dürfen bereits im Vereinbarungsteil Kommentare auftreten?

```
type FUNKTION (* der Ventile *) = (AUF,ZU,DEFEKT);
var V1(* Ventil 1 = aussen *),
    V2(* Ventil 2 = innen  *): FUNKTION;
```

Lösungen (Vereinbarungsteil)

a) Mögliche Vereinbarungen sind:

```
const N = 1ØØ;
var I : integer;
```

Beachten Sie: **const** N = 1ØØ.Ø oder **const** N = 1E2 wären falsch, weil dadurch N als Real-Konstante definiert würde. Als Grenze einer **for..to**-Schleife dürfen jedoch keine Real-Werte auftreten.

b) **label, const, type, var**

Konstanten können in Typ- und Variablenvereinbarungen benutzt werden. Typen können bei Variablenvereinbarungen benutzt werden. Beispiel:

```
label 999;
const DIM = 2Ø;
type SATZ = array [1..DIM] of real;
var Tabelle : array [1..5] of SATZ;
```

c) Falsch: Die Reihenfolge von Prozedur- und Funktionsdefinition ist frei wählbar. Einzige Bedingung ist, daß Aufrufe von Prozeduren und Funktionen sich nur auf bereits definierte oder zumindest **forward**-deklarierte Unterprogramme beziehen.

d) Nein: 1..7 wäre ein Unterbereich (Ausschnitt) der ganzen Zahlen oder '1'..'7' ein Ausschnitt der Zeichen. Nicht möglich ist (1,2,3,4,5,6, 7) als Aufzählung, weil als Werte dafür nur Namen in Frage kommen; diese müssen aber mit einem Buchstaben beginnen.

e) Ja: Allerdings ist es auch korrekt, kürzer zu definieren

```
var A,B,C : real;
```

f) Ja, die angegebenen Vereinbarungen sind zulässig. Kommentare dürfen jedoch nicht <u>innerhalb</u> von Namen stehen, z.B. ist die Schreibweise V(*entil*)1 für V1 nicht erlaubt.

Typ- und Variablenvereinbarungen

a) Wo liegt der Fehler?

```
type MONAT = (JAN, FEB, MAR, APR, MAI, JUNI,
              JULI, AUG, SEP, OKT, NOV, DEZ);
     STRING1Ø = packed array [1..1Ø] of char;

var  MONATSNAME : STRING1Ø;
     TAG : 1 .. 31;
...

case MONAT of
  JAN : MONATSNAME := 'Januar    ';
  FEB : MONATSNAME := 'Februar   ';
  ...
end (* case *)
```

b) Ist folgende Vereinbarung zulässig?

```
type WOCHE = (MO, DI, MI, DO, FR, SA, SO);
```

c) Ist folgende Neuvereinbarung des Typs integer zulässig?

```
type integer = 1 .. maxint;
```

d) Richtig oder falsch?

```
var LETZTER, NÄCHSTER: real;
```

e) Nehmen Sie Stellung zu der folgenden Aussage:

"Innerhalb eines Programms darf ein Bezeichner (d.h. der Name einer Konstante, eines Typs, einer Variablen, eines Unterprogramms etc.) nur einmal vereinbart werden. Andernfalls meldet der Compiler einen Fehler etwa mit dem Wortlaut:
*** 1Ø1: identifier declared twice ***"

Lösungen (Typ- und Variablenvereinbarungen)

a) **case** MONAT (* Hier tritt Fehlermeldung auf *)

Der Name MONAT bezeichnet einen Typ, in der **case**-Verzweigung muß aber ein Variablenname verwendet werden. -
Dies ist ein von Anfängern häufig gemachter Fehler.

b) Die angegebene Vereinbarung ist nicht zulässig. Begründung: **do** ist ein Schlüsselwort (reservierter Bezeichner) und der Übersetzer nimmt auf Groß- bzw. Kleinschreibung keine Rücksicht. Richtig wäre beispielsweise:

```
type WOCHE = (MON,DIE,MIT,DON,FRE,SAM,SON);
```

c) Eine Neuvereinbarung des Typs integer ist zulässig.

```
type integer = 1 .. maxint;
```

integer ist ein vordefinierter Bezeichner, kein Schlüsselwort, und darf daher umdefiniert werden. Im Beispiel wird festgelegt, daß der Typ integer nur noch die positiven ganzen Zahlen umfassen soll.

d) Die angegebene Vereinbarung ist falsch:

```
var LETZTER, NÄCHSTER: real;
```

In einem Namen dürfen keine Umlaute, wie z.B. Ä, und auch nicht ß auftreten. Nur die 26 Buchstaben A..Z und die Ziffern (und eventuell der Unterstrich _) sind zugelassen.

e) Es ist ein sicherer Weg, sich an die genannte Aussage zu halten. Die Vorschrift ist jedoch nicht zwingend, denn unter gewissen Bedingungen können Namen mehrfach vereinbart werden:

- Variable bzw. Parameter verschiedener Programmblöcke können denselben Namen haben.
- Komponenten verschiedener Verbunde (**records**) dürfen denselben Teilnamen haben.

Konstantenvereinbarungen

Korrigieren Sie, sofern erforderlich, die Syntax der unter a) bis e) folgenden Konstantenvereinbarungen:

a) **const** PI := 3.14159265;

b) **const** WURZEL2 = sqrt(2);

c) **const** PARAMETER = Ø.577 * 12;

d) **const** X,Y,Z = 8;

e) **const** MIN = -1ØØ; MAX = -MIN;

f) Kann eine Mengenkonstante vereinbart werden?
Ist folgendes Beispiel zulässig?

const ANTWORT = ['J','N','j','n'];

g) Kann ein Steuerzeichen als Konstante vereinbart werden?
Ist folgendes Beispiel zulässig?

const RETURN = chr(13);

Syntaxdiagramm Konstantenvereinbarung:

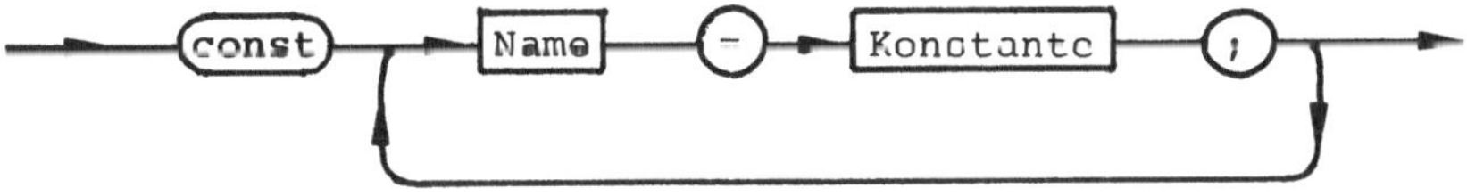

Lösungen (Konstantenvereinbarungen)

Die Vereinbarungen a) bis d) sind fehlerhaft.

a) **const** PI := 3.14159265;
Erforderlich ist ein einfaches Gleichheitszeichen, kein := . Es **ist** zulässig, mehr Dezimalen anzugeben, als verwertbar sind.

b) **const** WURZEL2 = sqrt(2);
Es dürfen keine Funktionsaufrufe auftreten.

c) **const** PARAMETER = Ø.577 * 12;
Es dürfen keine Rechenoperationen auftreten.

d) **const** X,Y,Z = 8;
Eine Namensliste ist nicht zugelassen.

e) Diese Vereinbarung ist zulässig.

f) Nein. Zulässig ist die Wertzuweisung im Anweisungsteil:

```
var ANTWORT: set of char;
...
ANTWORT := ['J','N','j','n'];
```

g) Nein, denn Funktionsaufrufe dürfen nicht in einer Konstantenvereinbarung verwendet werden. Möglich ist:

```
var RETURN: char;
...
RETURN := chr(13);
```

Hinweis zu f) und g): In Turbo-Pascal sind auch die folgenden Vereinbarungen möglich:

```
const ANTW: set of char = ['J','N','j','n'];
      RETURN : char = ^M;
```

Streng genommen handelt es sich hier aber nicht um Konstantenvereinbarungen, sondern um Variablenvereinbarungen mit Initialisierung.

Syntaxdiagramm

Das folgende Diagramm soll interpretiert werden. Es stellt die Syntax einer Formalparameterliste dar, wie sie in UCSD- und in Turbo-Pascal erlaubt ist. In Standard-Pascal sind wesentlich komplexere Parameterlisten möglich, weil dort auch Prozeduren und Funktionen als Parameter erlaubt sind (und in der Normerfüllungsstufe 1 auch Konformreihungen). Im vollständigen Syntaxdiagramm wird dies durch weitere Pfade repräsentiert.

Syntaxdiagramm Formalparameterliste:

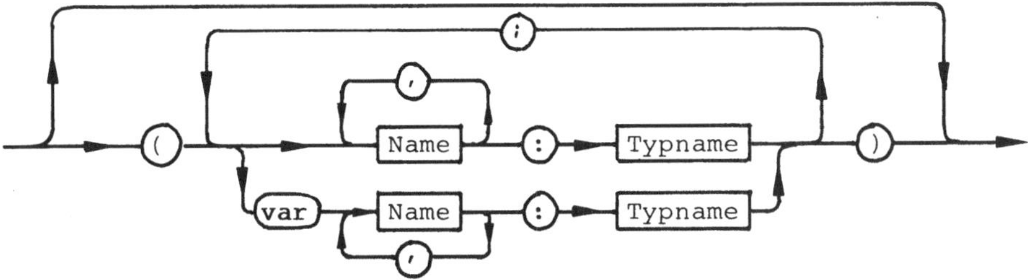

a) Welches Schlüsselwort darf in einer Formalparameterliste auftreten?

b) Ist eine Reihenfolge der übergebenen Variablen festgelegt?

c) Ist die folgende Formalparameterliste korrekt gebildet?

   (A,B,C:integer, **var** E:real;)

d) Ist die folgende Formalparameterliste bei Zugrundelegung nur des Syntaxdiagramms korrekt?

   (A,A,A:A; **var** A:A; **var** A:A)

e) Was bedeutet der oberste Pfad im Diagramm?

f) Ist es nach dem Syntaxdiagramm erlaubt, eine Parameterliste zu bilden, die nur aus den begrenzenden Klammern besteht?

Lösungen (Syntaxdiagramm)

Eine Formalparameterliste ist eine Liste, die bei der Vereinbarung einer Funktion oder Prozedur im Unterprogrammkopf genannt wird. Beim Aufruf eines Unterprogramms wird dann eine entsprechende Aktualparameterliste verwendet, die einer etwas anderen Syntax folgt.

a) Das Schlüsselwort **var** darf in einer Formalparameterliste auftreten, auch mehrfach, z.B. wie in der folgenden Liste:

   (**var** N: integer; X: real; **var** Y: real)

b) Nein, die Reihenfolge der übergebenen Variablen kann vom Programmierer frei festgelegt werden; insbesondere ist die Reihenfolge der mit **var** übergebenen Parameter ("call-by-reference") und der ohne **var** ("call-by-value") nicht vorgegeben.

c) Nein, anstelle des Kommas muß ein Semikolon verwandt werden:

   (A,B,C:integer; **var** E: real)

d) Ja, diese Parameterliste ist gemäß Syntaxdiagrammen korrekt gebildet. Sie ergibt allerdings semantisch keinen Sinn, und der Übersetzer würde dies erkennen.

e) Der oberste Pfad bedeutet die "leere Formalparameterliste", d.h. eine Formalparameterliste kann weggelassen werden.

f) Nein, wenn eine Formalparameterliste eröffnet wurde, dann muß mindestens ein Variablenname mit Typangabe folgen.

2 Arithmetik

Pascal bietet zwei Typen von Zahlen: Real- und Integer-Zahlen (Dezimalzahlen und ganze Zahlen). Zwar ist für viele Probleme das Rechnen mit Real- und Integer-Zahlen nicht von zentraler Bedeutung, doch spielen arithmetische Operationen in vielerlei Gewand eine Rolle; beispielsweise bei der Zeichenkettenverarbeitung, bei logischen Problemstellungen und bei der Verwaltung größerer Datenmengen, um nur einige zu nennen.

Zunächst ist zu klären, worin sich Real-Zahlen und Integer-Zahlen unterscheiden. Als ungefähre Regel gilt: "Mit Real-Zahlen wird gerechnet, mit Integer-Zahlen wird gezählt."

Integer-Zahlen sind - implementationsabhängig - meist nur in einem verhältnismäßig kleinen Ausschnitt definiert, z.B. von $-2^{15} = -32768$ bis $2^{15}-1 = 32767$ (=maxint).

Zur Schreibweise von Real-Zahlen ist zu beachten, daß Real-Zahlen einen Dezimalpunkt, wie z.B. 1ØØ.Ø, oder einen Exponententeil, wie z.B. 1E2 oder 1.ØE2, enthalten müssen. Andernfalls wird die Ziffernfolge als Integer interpretiert, was zu Fehlern führen kann: eine erlaubte Real-Zahl ist 491951.Ø; nicht erlaubt ist in Turbo- und in USCD-Pascal jedoch der Integer-Wert 491951, weil dieser maxint übersteigt.

Die Rechenoperationen für Real-Zahlen sind die bekannten Operationen +, -, * und /. Für Integer-Zahlen gibt es den Operator / nicht, denn das Ergebnis einer Division ist in der Regel keine ganze Zahl. In Pascal hat man festgelegt, daß dieses Ergebnis nie als ganze Zahl aufzufassen ist, selbst dann nicht, wenn die Division ohne Rest aufgeht. An die Stelle von / tritt für Integer-Zahlen der Operator **div**, der für die Division ohne Rest steht. Den Divisionsrest erhält man mit Hilfe des Operators **mod**.

Bei der Auswertung algebraischer Ausdrücke gelten die aus der Mathematik bekannten Präzedenzregeln (Operatorhierarchie): zuerst Klammern, danach Multiplikation und Division, d.h. *, /, **div** und **mod**, dann Addition und Subtraktion. Die Auswertung erfolgt ansonsten von links nach rechts. (Siehe auch Kap.3 bezüglich der Hierarchie algebraischer und logischer Operatoren.)

Real- und Integer-Zahlen sind nur beschränkt miteinander verträglich. Überall dort, wo ein Real-Wert stehen kann, darf auch ein Integer-Wert eingesetzt werden. (Integer-Zahlen werden bei Bedarf automatisch dem Typ Real "angepaßt".) Umgekehrt gilt dies jedoch nicht. Insbesondere darf ein Real-Wert nicht einer Integer-Variablen zugewiesen werden, und die Operatoren **div** und **mod** können nicht auf Real-Werte angewandt werden. Es gibt allerdings Funktionen, die Real-Zahlen in Integer-Zahlen umwandeln: trunc (Abschneiden des Dezimalteils) und round (Runden).

Von großer Bedeutung sind weiterhin die transzendenten Funktionen exp, ln, sin, cos und arctan, denn mit ihrer Hilfe kann man viele andere wichtige Funktionen definieren. Nebenbei sei erwähnt, daß die Argumente der Winkelfunktionen im Bogenmaß anzugeben sind und natürlich ebenso die Resultate der Arkusfunktion. - Weitere Funktionen in Pascal sind sqr (Quadrieren - Vorsicht vor Verwechslung mit SQR-Funktion des BASIC!) und sqrt (zweite Wurzel), die der Bequemlichkeit des Programmierers dienen, aber streng genommen überflüssig sind. Wichtig ist gelegentlich die Betragsfunktion abs, die positive Zahlen unverändert läßt und bei negativen das Vorzeichen umkehrt. Interessant sind die Funktionen abs und sqr in formaler Hinsicht: der Ergebnistyp ist <u>entweder</u> integer <u>oder</u> real, je nachdem, ob das Argument vom Typ integer oder real ist. Alle anderen arithmetischen Funktionen haben stets den Ergebnistyp real.

Zahlenausdrücke

a) Inhalt dieser Aufgabe ist die Exponentialschreibweise von Real-Zahlen.
Welche der folgenden Real-Zahlen sind falsch geschrieben? Begründen Sie!

22627E3 ....

226270E2 ....

1E3.0 ....

1.0E-3 ....

.501E4 ....

E2 ....

0.000E0 ....

15E0.5 ....

15 E 2 ....

15E+2 ....

b) Von welchem Typ ist das Ergebnis folgender Ausdrücke?

	integer	real
3 + 9	□	□
3E1 - 30	□	□
9 / 3	□	□
9 div 3	□	□

Lösungen (Zahlenausdrücke)

a)

22627E3	Zulässige Schreibweise einer Real-Zahl.
226270E2	Falsch, wenn die Zahl 226270 größer als maxint ist. Dann sollte diese Zahl wie folgt geschrieben werden: 226270.0E2
1E3.0	Falsch. Der Exponent muß als ganze Zahl geschrieben werden. Richtig ist: 1E3
1.0E-3	Richtig.
.501E4	Falsch. Eine führende Null darf nicht weggelassen werden. Richtig ist: 0.501E4
E2	Falsch. Der Exponententeil darf nicht alleine stehen. Richtig ist: 1E2 oder 1.0E2
0.000E0	Richtig. Gleichwertig ist auch 0.0
15E0.5	Falsch. Der Exponent muß eine ganze Zahl sein. Der hier gemeinte Wert, die Wurzel aus 15, kann etwa wie folgt berechnet werden: sqrt(15) oder exp(0.5*ln(15))
15 E 2	Falsch. Leerstellen dürfen nicht auftreten. Richtig ist: 15E2
15E+2	Richtig.

b)

	integer	real
3 + 9	[x]	[ ]
3E1 - 30	[ ]	[x]

3E1 ist vom Typ real, daher ist auch das Ergebnis der Subtraktion von diesem Typ.

	integer	real
9 / 3	[ ]	[x]

Das Ergebnis einer Division mit dem Operator / ist immer vom Typ real.

	integer	real
9 **div** 3	[x]	[ ]

Rechenoperationen I

Welchen Wert haben die folgenden Ausdrücke?

a) 15 **div** 16

b) round (15 **div** 16)

c) 9Ø / 15/3

d) 9Ø **div** 5*6

e) 12Ø **div** 8 **mod** 7 - 12Ø **mod** 7 **div** 8

f) 2 * (6 **mod** 5) - (2 * 5 **mod** 6)

g) Welche Zahl wird ausgegeben?

```
R := 45.Ø; S := 9.Ø;
T := 2 * (R / S*(S+1));
writeln(T:6:1);
```

h) In den folgenden zwei Schleifenanweisungen durchläuft I die Werte von 1 bis 4. Welche Zahlen werden dabei ausgegeben?

```
for I := 1 to 4 do
  write(7 div (5-I) : 2);

for I := 1 to 4 do
  write(7 mod (5+I) : 2);
```

i) Beurteilen Sie die folgende Aussage:
"Jede Integer-Division A **div** B kann auch in der Form trunc(A/B) geschrieben werden."

Lösungen (Rechenoperationen I)

a) Ø Begründung: 15 = Ø*16 + 15

b) Ø Das Ergebnis ist gleich dem aus Aufgabe a), denn die Funktion round ändert den Wert einer Integer-Zahl nicht.

c) 2.Ø Obwohl die Schreibweise nahelegt, daß die Division 15/3 zuerst ausgeführt werde, wird der Ausdruck strikt von links nach rechts abgearbeitet:
9Ø/15/3 = 6/3 = 2.Ø (Real-Zahl)
Soll 15/3 zuerst ausgeführt werden, dann sind Klammern zu verwenden.

d) 1Ø8 Ebenso wie in Aufgabe c) wird der Rechenausdruck von links nach rechts abgearbeitet:
9Ø **div** 5*6 = 18*6 = 1Ø8 (Integer-Zahl)

e) 1 Begründung: 12Ø **div** 8 **mod** 7 = 15 **mod** 7 = 1
und: 12Ø **mod** 7 **div** 8 = 1 **div** 8 = Ø

f) -2 Begründung: 2*(6 **mod** 5) = 2*1 = 2
und: (2*5 **mod** 6) = 1Ø **mod** 6 = 4

g) 1ØØ.Ø Die Zahl R=45.Ø wird durch 9.Ø geteilt, dann mit 1Ø.Ø multipliziert und danach mit 2.Ø multipliziert. R wird also nicht etwa durch 9.Ø*1Ø.Ø=9Ø.Ø geteilt.

h) 1. Schleife: 1 2 3 7, 2. Schleife: 1 Ø 7 7
Zu beachten ist, daß der Doppelpunkt in der Write-Anweisung kein Rechenzeichen, sondern eine Formatanweisung ist.

i) Die Aussage ist richtig. Der Ausdruck trunc(A/B) ist zudem sowohl für Integer- als auch für Real-Zahlen geeignet. Allerdings können bei der Real-Arithmetik Rundungsfehler auftreten, die auch bei ganzzahligen Argumenten zu falschem Ergebnis führen.

Rechenoperationen II

a) Schreiben Sie ein Programmstück, das zu einer eingegebenen Dezimalzahl Z, die größer als 1 ist, die Anzahl der Stellen vor dem Komma (d.h. vor dem Dezimalpunkt) berechnet. Dieser Wert soll in der Integer-Variablen V gespeichert werden.

b) Eine Real-Zahl X soll auf die nächstliegende ganze Zahl, die durch 5 teilbar ist, gerundet werden.

Dies tut die Anweisung X:=round(X/5)*5 ☐

Dies tut die Anweisung X:=round(X*5)/5 ☐

Beide Anweisungen bewirken dasselbe. ☐

c) Beschreiben Sie die Wirkung der beiden folgenden logischen Aussagen:

if K = T * (K **div** T) **then** ...

if K = T * K **div** T **then** ...

Wie kann die erste Aussage anders formuliert werden?

d) Der Ausdruck I **mod** J ist in Standard-Pascal nur für positives J definiert; in Turbo- und UCSD-Pascal ist er aber auch für negative Argumente definiert.
Ist die Anweisung I:=I **mod** J gleichwertig

- mit I := I - J*trunc(I/J) ?
- mit **for** K:=1 **to** (I **div** J) **do** I:=I-J ?

e) Richtig oder falsch?
"Die Funktion round(X) kann stets durch die Funktion trunc(X+0.5) ersetzt werden."

Lösungen (Rechenoperationen II)

a) Programmstücke zur Berechnung der Anzahl der Vorkommastellen einer Dezimalzahl (Z > 1):

1
```
var Z: real; V: integer;
   ...
   V := trunc(ln(Z)/ln(1Ø)) + 1;
```
2
```
var Z, HILF: real; V: integer;
...
HILF := Z; V := Ø;
while HILF >=1 do
begin
  HILF := HILF/1Ø; V := V+1
end (* while *);
```
Beachten Sie: Sollen diese Programmstücke auch für negative Zahlen Z verwendet werden, dann muß zusätzlich die abs-Funktion eingeschaltet werden.

b) Nur die erste Aussage trifft zu, d.h. X:=round(X/5)*5 rundet auf die nächstliegende durch 5 teilbare ganze Zahl.

c) Im ersten Fall handelt es sich um einen Test, ob K durch T ohne Rest teilbar ist, d.h. ob K **mod** T = Ø. Der zweite Test ist immer erfüllt, er ist also nutzlos.

d) Die beiden Anweisungen sind nicht gleichwertig mit I:=I **mod** J . I:=I-J*trunc(I/J) ergibt nur dann damit übereinstimmende Werte, wenn I und J positiv sind. Die zweite Konstruktion ist auch formal fragwürdig, weil die Schleifengrenze während der Ausführung verändert wird. Das Ergebnis stimmt meist nicht mit I:=I **mod** J überein.

e) Nur für positive X gilt: round(X)=trunc(X+Ø.5).
Für negative X gilt: round(X)=trunc(X-Ø.5).
Um die Funktion round zu ersetzen, muß also eine Fallunterscheidung getroffen werden.

Die Operatoren **div** und **mod**

a) Welches Ergebnis liefert das folgende Programmfragment?

```
var I,J : integer;
...
I := 111Ø; J := 6Ø;
writeln (I div J);
writeln (I/J);
```

Begründen Sie die unterschiedlichen Ergebnisse!

b) Welches Ergebnis liefert die Anweisungsfolge?

```
I := 12;
J := Ø;
J := I mod J;
```

c) Wo liegt der Fehler?

```
var A,B : real;
...
B := A mod 1Ø;
```

d) T sei ein **array** [1..6Ø] von Real-Zahlen, die auf dem Bildschirm in Tabellenform geschrieben werden sollen. Die Tabelle soll 15 Zeilen zu je 4 Spalten besitzen.

```
for I := 1 to 6Ø do
begin
  write (T[I]:1Ø:3);
  ...
end;
```

Ergänzen Sie die fehlende Anweisung, die den Zeilenvorschub veranlaßt.

Lösungen (Die Operatoren **div** und **mod**)

a) Das Programmfragment liefert folgendes Ergebnis:

18
18.5ØØ (oder Ø.185E2 oder äquivalente Schreibweise)

Begründung: Im ersten Fall wird das Ergebnis der Integerdivision ausgegeben, d.h. der Divisionsrest bleibt unbeachtet. Im zweiten Fall wird die Realdivision ausgeführt, und es wird nicht gerundet.

Bekanntlich ist das Ergebnis einer Division mit / immer vom Typ real, selbst dann wenn es zufällig ganzzahlig sein sollte und die Ausgangswerte vom Typ integer sind.

b) Die Anweisungsfolge führt zu einem Laufzeitfehler: Durch **mod** wird der Rest bei ganzzahliger Division bestimmt. Die Rechenanweisung I **mod** Ø ist nicht erlaubt, weil sie auf eine Division durch Ø führt.

c) Die Argumente des **mod**-Operators müssen ganzzahlig sein. Zulässig ist z.B.

```
B := trunc(A) mod 1Ø;
```

Die Variable B erhält dann den Wert der letzten Stelle von A vor dem Dezimalkomma.

d) Ein Zeilenvorschub ist nach der 4., 8., 12., ... Zahl nötig, also immer dann, wenn I ohne Rest durch 4 teilbar ist. Der Test kann lauten:

I **mod** 4 = Ø   oder   I **div** 4 = trunc(I/4)

Lösungsbeispiel:

```
for I := 1 to 6Ø do
begin
  write (T[I]:1Ø:3);
  if (I mod 4 = Ø) then writeln
end;
```

Programmverständnis

Wir diskutieren das folgende Programm:

```
program WECHSLER;
var B, C : Ø..maxint;

begin
  write('Eingabe : Geldbetrag in Pf ');
  readln(B);
  C := B div 1ØØ;
  write('Dies sind in Mark und Pfennig: ');
  writeln(C, ',', B-C*1ØØ)
end.
```

a) Wie kann die Eingabe gegen negative Werte abgesichert werden?

b) Was geschieht bei den folgenden Eingaben ?

   (i) 314Ø
   (ii) 31Ø4

   Berichtigen Sie das Programm entsprechend !

c) Formulieren Sie den algebraischen Ausdruck

   B - C*1ØØ

   um. Es soll ein gleichwertiger Ausdruck entstehen, der nur einen Rechenoperator enthält.

Lösung (Programmverständnis)

a) Die Eingabe sollte in einer Schleife erfolgen, die erst dann verlassen wird, wenn die eingelesene Zahl positiv ist. Dazu wird B als Integer-Variable vereinbart.

```
program WECHSLER;
var B : integer; C : Ø..maxint;
begin
  write('Eingabe : Geldbetrag in Pf ');
  repeat
    readln(B); if B<=Ø then
    writeln('Betrag muß positiv sein')
  until B>Ø;
...
```

b) Bei den Eingaben von 3140 bzw. 31Ø4 ergeben sich folgende Ausgaben:

(i) Dies sind in Mark und Pfennig: 31,4Ø
(ii) Dies sind in Mark und Pfennig: 31,4

Gewünscht ist im Fall (ii) aber die Ausgabe 31,Ø4. Dies kann durch eine Fallunterscheidung wie folgt erreicht werden:

```
if B-C*1ØØ>9 then writeln (C, ',', B-C*1ØØ)
  else writeln (C, ',Ø', B-C*1ØØ)
```

Diese Lösung ist wenig befriedigend, weil sie ad-hoc und nicht verallgemeinerungsfähig ist.

Eine angemessenere Behandlung bestünde in der Umwandlung der Integer-Zahl B in eine Zeichenkette, d.h. eine Variable vom Typ **packed array** [...] **of** char, und entsprechenden Zeichenkettenmanipulationen.

Manche Pascal-Versionen (z.B. UCSD- und Turbo-Pascal) stellen den bequemeren Datentyp string mit zugehörigen Prozeduren und Funktionen zur Verfügung.

c) Statt B - C*1ØØ kann auch geschrieben werden

```
B mod 1ØØ
```

Transzendente Funktionen

a) Die vordefinierte Funktion ln(X) liefert den natürlichen Logarithmus der Zahl X, d.h. den Logarithmus zur Basis e.

Häufig wird jedoch auch der Logarithmus zu einer anderen Basis benötigt, speziell zur Basis 1Ø. Bei Verwendung dieser Basis spricht man von den dekadischen Logarithmen. Schreiben Sie eine Definition für die dekadischen Logarithmen:

```
function LOG(X:real):real;
```

Hinweis: In manchen Pascal-Systemen (etwa UCSD-Pascal) ist die Funktion LOG bereits vordefiniert. Sie gehört aber nicht zum standardmäßigen Sprachumfang von Pascal.

b) Schreiben Sie eine Definition für die Arcus-cosinus-Funktion:

```
function ARCCOS(R:real):real;
```

c) Schreiben Sie eine Definition für die allgemeine Potenzfunktion. Das heißt: zu positivem X und beliebigem Y soll X^Y berechnet werden:

```
function POTENZ(X,Y:real):real;
```

d) Schreiben Sie eine Definition für die N. Wurzel-Funktion. Verwenden Sie dabei die Funktion POTENZ aus Aufgabe c). N sei eine ganze Zahl, X sei reell und darf nur dann negativ sein, wenn N ungerade ist:

```
function WURZEL(X:real;N:integer):real;
```

Lösungen (Transzendente Funktionen)

a) Definition der Logarithmus-Funktion zur Basis 1Ø:

```
function LOG(X:real):real;
begin
  LOG := ln(X) / ln(1Ø)
end (* LOG *);
```

Beachten Sie: Logarithmusfunktionen sind nur für positive Argumente definiert.

b) Definition der Arcuscosinus-Funktion:

```
function ARCCOS(R:real):real;
const PI = 3.141593;
begin
  ARCCOS := PI/2-arctan(R/sqrt(1-R*R))
end (* ARCCOS *);
```

Beachten Sie: die transzendente Funktion arctan ist standardmäßig vorhanden. Das Argument R muß zwischen -1 und +1 liegen.

c) Definition der Potenzfunktion X^Y (X > Ø, Y beliebig):

```
function POTENZ(X,Y:real):real;
begin
  POTENZ := exp(Y*ln(X))
end (* POTENZ *);
```

d) Definition für die N. Wurzel (N ganze Zahl, X reell, X darf nur dann negativ sein, wenn N ungerade ist):

```
function WURZEL(X:real;N:integer):real;
var VORZ : -1..1;
begin
  if X=Ø then WURZEL := Ø
  else begin
    if X<Ø and odd(N) then VORZ := -1
    else  VORZ := 1;
    WURZEL := VORZ*POTENZ(abs(X),1/N)
  end;
end (* WURZEL *);
```

Real-Arithmetik

a) Das folgende Programmstück soll zur Ausgabe einer Wertetabelle einer Funktion Y dienen, die zuvor mit einem Unterprogramm definiert wurde:

```
function Y(X:real):real;
...
```

Mit der Schrittweite Ø.Ø5 soll das Intervall von -1 bis +1 durchlaufen werden. Wo liegt der Fehler?

```
X:= -1;
repeat
  writeln(X:1Ø:4, Y(X):1Ø:4);
  X := X+Ø.Ø5
until X=1;
```

b) Die Zahl 1ØØ! = 1ØØ·99·98·...·3·2·1 (gelesen 1ØØ-Fakultät) hat ausgeschrieben wesentlich mehr als 4Ø Stellen. Da jedoch viele Personal-Computer Real-Zahlen nur unterhalb von ca. 10^{40} zulassen, kann der Wert einer so großen Zahl nicht ohne weiteres berechnet werden.

Wir interessieren uns hier nur für die Stellenzahl von 1ØØ!, nicht den Wert selbst. Wie kann man die Stellenzahl ohne große Mühe bestimmen?

c) Wie kann eine Real-Zahl auf genau N = 1, 2, 3 oder 4 Stellen hinter dem Dezimalpunkt gerundet werden? Hinweis: Die Funktion round liefert Integer-Werte, sie rundet also auf N=Ø Stellen hinter dem Dezimalpunkt. Definieren Sie

```
function RUNDE(X:real;N:integer):real;
var ...
begin
  ...
  RUNDE := ...
end;
```

Lösungen (Real-Arithmetik)

a) Die Schleifenkonstruktion enthält zwei Fehler. Zum einen ist der Test auf Gleichheit X=1 für die Real-Zahl X unsicher, weil er u.U. zu einer nicht abbrechenden Schleife führt. Zum anderen bewirkt diese Abbruchbedingung, falls sie wie beabsichtigt funktioniert, das Ende der Schleife nach der Ausgabe für X = Ø.95. Eine korrekte Konstruktion wäre daher:

```
repeat ... until X>1
```

b) Ein Ausweg besteht in der Verwendung von Logarithmen zur Basis 1Ø: **function** LOG(X:real):real; (vgl. Transzendente Funktionen). Die Stellenzahl der Zahl X ist trunc(LOG(X)+1). Eine mögliche Lösung lautet daher mit der Integer-Variablen N, der Real-Variablen L und der zuvor definierten Funktion LOG:

```
L:=Ø;
for N:=2 to 1ØØ do L:=L+LOG(N);
writeln('1ØØ! hat ',trunc(L)+1,' Stellen.')
```

Ergebnis: 1ØØ! hat 158 Stellen.

Mathematischer Hinweis: Mit Hilfe der Stirlingschen Näherungsformel kann dieses Ergebnis schneller gewonnen werden. Literatur: R. Danckwerts u.a.: Elementare Methoden der Kombinatorik, Stuttgart (Teubner) 1985.

c) Für kleine X und N kann eine Lösung durch Multiplikation von X mit $1Ø^N$, anschließendes Runden und Division durch $1Ø^N$ gewonnen werden. Der Wert $X*1Ø^N$ darf jedoch maxint nicht überschreiten.
Etwas allgemeiner ist deshalb die folgende Lösung, bei der die Nachkommastellen isoliert werden:

```
function RUNDE(X:real;N:integer):real;
var NACHKOMMA:real; K:integer;
begin
  NACHKOMMA:= X-trunc(X);
  for K:=1 to N do NACHKOMMA:=NACHKOMMA*1Ø;
  NACHKOMMA:=round(NACHKOMMA);
  for K:=1 to N do NACHKOMMA:=NACHKOMMA/1Ø;
  RUNDE:=trunc(X) + NACHKOMMA
end;
```

Einschränkung: abs(X) < maxint und $1Ø^N$ < maxint.

3 Boolesche Ausdrücke und Variable

Der Datentyp Boolean erlaubt das Arbeiten mit Wahrheitswerten (logischen Variablen), die entweder den Wert false oder den Wert true annehmen. Der Name Boolean ist abgeleitet von dem britischen Mathematiker und Logiker George Boole (1815-1864).

Logische Ausdrücke können in Programmen auftreten, ohne daß ausdrücklich Boolesche Variable verwendet werden. Sie werden gebildet durch Vergleiche wie z.B.

X = 1Ø (X ist eine Zahlenvariable)
oder Z **in** M (Z ist Variable, M ist eine Menge).

Einer Booleschen Variablen kann ein solcher Ausdruck als Wert zugewiesen werden, z.B.

ENDE := N > 999

Wenn der Wert von N größer als 999 ist, dann wird der Variablen ENDE als Wert true zugewiesen, im anderen Fall false.

Logische Variablen und Ausdrücke können verknüpft werden. Dazu gibt es die Operatoren **not**, **and** und **or**, und es dürfen Klammern benutzt werden. In Pascal ist die Hierarchie der Operatoren etwas gewöhnungsbedürftig; sie ist, von höchster zu niedrigster Priorität, wie folgt festgelegt:

1. Klammern
2. Verneinung **not** (sowie Vorzeichen -)
3. **and** (sowie Multiplikationsoperatoren *, /, **div**, **mod**)
4. **or** (sowie Additionsoperatoren +, -)
5. Vergleichsoperatoren

Speziell muß man sich merken, daß **and** stärker bindet als **or**; bildlich ausgedrückt hat **and** eine größere Anziehungskraft als **or** und besonders auch als die Vergleichsoperatoren wie z.B. =.

Der Datentyp Boolean ist ein sogenannter einfacher Datentyp, und Funktionen können als Ergebnis Werte von diesem Typ haben. Vordefiniert ist in Pascal z.B. die logische Funktion odd, die prüft, ob das ganzzahlige Argument eine ungerade Zahl ist. Weitere Boolesche Standardfunktionen (für die Dateibearbeitung) sind eof und eoln.

Logische Ausdrücke werden u.a. zur Kontrolle von ereignisgesteuerten Schleifen benötigt (**repeat...until** Endbedingung bzw. **while** Fortsetzbedingung **do**).

Ihre wichtigste Anwendung sind aber Fallunterscheidungen durch **if...then** bzw. **if...then...else**. Für Anfänger und Fortgeschrittene gleichermaßen verwirrend erscheinen geschachtelte **if...then**-Konstruktionen und die korrekte Verknüpfung komplexer Aussagen, wenn mehrere Bedingungen kombiniert zu beachten sind.

Zu erinnern ist auch an die Regeln nach de Morgan für die Verneinung von zusammengesetzten Aussagen. Wenn P und Q logische Variable oder Ausdrücke sind, dann gilt:

not (P **and** Q) <=> **not** P **or** **not** Q

not (P **or** Q) <=> **not** P **and** **not** Q

Entsprechendes gilt für Ausdrücke mit mehr als zwei Teilaussagen.

Die Negation eines numerischen Vergleichs ergibt sich durch Verändern des Vergleichsoperators, z.B. gilt:

not (X > Ø) <=> X <= Ø

Eine Besonderheit in Pascal betrifft die Auswertung zusammengesetzter Ausdrücke. Beispiel: Zwei durch **and** verknüpfte Aussagen können nach den Regeln der Logik keinesfalls mehr true ergeben, wenn bereits der erste Teil false ist. Denkbar wäre, daß dann im Programmlauf die Auswertung der weiteren Teile der Aussage unterbliebe, weil das Ergebnis (false) ja feststeht. Dies ist aber in Pascal nicht so, alle Teile einer zusammengesetzten Aussage werden stets ausgewertet. Eine entsprechende Bemerkung gilt für Aussagen, die durch **or** verknüpft sind, nachdem sich bereits eine als true erwiesen hat. Die Auswirkungen solcher überflüssig ausführlichen Auswertungen liegen weniger im Laufzeitverhalten von Programmen als vielmehr darin, daß bei der Auswertung einer logischen Teilaussage Laufzeitfehler auftreten können (z.B. Division durch Ø). Derartige Laufzeitfehler können in Pascal nicht einfach durch mit **and** oder **or** vorgeschaltete Tests abgefangen werden. (In der Sprache Modula-2 wird dies z.B. anders gehandhabt.)

Einfache Abfragen

Formulieren Sie die folgenden Anweisungen in Pascal:

a) Der Wert der Real-Variablen Z soll um 1 erhöht werden, falls er danach positiv ist.

b) X und S sind Real-Variablen. Wenn X negativ ist, dann soll S den Wert -1 erhalten, anderenfalls den Wert +1. Die Anweisung S:=X/abs(X) ist nicht ganz befriedigend, verbessern Sie!

c) A sei eine positive ganze Zahl (Integer-Variable). Wenn A ungerade ist, dann ist A durch (3A+1) **div** 2 zu ersetzen. Wenn A gerade ist, dann ist A durch A **div** 2 zu ersetzen. Wenn A=1 ist, dann soll A nicht verändert werden.

d) Eine Temperaturangabe F ist in °F (Fahrenheit) gegeben. Sie soll in °C (Celsius) umgerechnet werden, der Wert ist der Real-Variablen C zuzuweisen. Die Vorschrift zur Umrechnung lautet:
   - vermindere F um 32 und
   - multipliziere mit 5/9.

   Zu beachten ist, daß Temperaturangaben größer als der absolute Nullpunkt sein müssen, der bei ca. -460 °F liegt. Besitzt F einen kleineren Wert, dann soll C den Wert -273 erhalten.

e) Gegeben sind drei Integer-Zahlen K, L, M.
   Prüfen Sie,
   - ob eine davon Null ist und
   - ob zwei dieser Zahlen gleich sind.

Lösungen (Einfache Abfragen)

a)
```
if Z > -1 then Z:=Z+1;
```

b) Die Zuweisung führt zu einem Laufzeitfehler, wenn X den Wert Ø hat. Deshalb sollte eine Fallunterscheidung durchgeführt werden:

```
if X > Ø then S:=1
  else if X < Ø then S:=-1
    else S:=Ø;
```

c)
```
if A<>1 then
  if odd(A) then A := (3*A+1) div 2
    else A := A div 2;
```

Anmerkung: Es handelt sich bei der genannten Vorschrift um das sog. 3A+1-Verfahren, mit dem durch fortgesetzte Anwendung aus jedem ganzzahligen positiven Startwert eine Zahlenfolge erzeugt werden kann. Die Frage ist, ob für jeden Startwert schließlich die Folge immer zyklisch wird. (Die Antwort ist unbekannt).

d)
```
if F > -46Ø then C := (F-32)*5/9
  else C := -273;
```

e)
```
if (K*L*M) = Ø then
  writeln('Eine der Zahlen ist Ø.');
if (K=L) or (K=M) or (L=M) then
  writeln('Die Zahlen sind nicht verschieden.');
```

Der Test, ob eine von mehreren Zahlen Null ist, kann natürlich auch ausführlich formuliert werden:

```
if (K=Ø) or (L=Ø) or (M=Ø) then ...
```

Eine ausführliche Formulierung bietet den Vorteil größerer Verständlichkeit des Quellprogramms für Laien.

Logische Ausdrücke I

a) Übersetzen Sie die folgende Ungleichungskette

$X < Y \leq Z$

b) Übersetzen Sie die folgende Ungleichung

$| X - 5 | < 10^{-2}$

c) Ist die folgende Anweisung syntaktisch korrekt?

P := P **or** Q **and** A > Ø

(P und Q seien logische Variable, A sei vom Typ real.)

d) Was ist an folgender Konstruktion zu bemängeln?
(N und Z seien vom Typ integer)

if (N <> Ø) **and** (Z **mod** N = 5) ...

Korrigieren Sie!

e) Definieren Sie eine Funktion XOR, die das ausschließende Oder zweier logischer Werte berechnet. (In Turbo-Pascal ist ein entsprechender Operator bereits vordefiniert.)

f) Ist der folgende Ausdruck zulässig?

P := Q = (A = Ø)

(P, Q Boolesch und A real)

Lösungen (Logische Ausdrücke I)

a) Übersetzung der Ungleichungskette $X < Y \leqslant Z$:

```
(X<Y) and (Y <= Z)
```

b) Übersetzung der Ungleichung $|X - 5| < 10^{-2}$:

```
abs(X-5)<1E-2
```

c) Syntaktisch korrekt ist: `P := P or Q and (A>Ø)` . (Beachten Sie, daß Klammern nötig sind und daß **and** stärker bindet als **or**.) Die Anweisung bewirkt: wenn P wahr ist, dann bleibt P unverändert. Andernfalls wird P auf 'true' gesetzt, wenn Q wahr ist und A positiv ist.

d) Die angegebene Konstruktion ist syntaktisch einwandfrei, sie enthält aber einen logischen Fehler. Weil Z **mod** N eine Division erfordert, muß N=Ø ausgeschlossen werden. Die angegebene Konstruktion soll gegen eine Division durch Ø schützen. Sie ist aber in Pascal wirkungslos: Alle durch **and** verbundenen logischen Aussagen werden ausgewertet, auch wenn eine davon bereits 'false' ergeben hat und die anderen Werte daher, logisch betrachtet, von keiner Bedeutung mehr sind. Richtig ist:

```
if N<>Ø then
  if Z mod N = 5 then  ...
```

e) Eine mögliche Lösung ist:

```
function XOR  (A,B:Boolean): Boolean;
begin
  XOR := A = not B
end (* XOR *);
```

Dabei wird benutzt, daß die Verknüpfung XOR genau dann 'true' ist, wenn die Argumente entgegengesetzte Wahrheitswerte besitzen.

f) Die angegebene Wertzuweisung ist möglich. P wird genau dann 'true', wenn Q und (A=Ø) denselben Wahrheitswert besitzen.

Logische Ausdrücke II

a) Beschreiben Sie den Unterschied zwischen den beiden folgenden Anweisungen:

```
if abs(X-XØ) < 1E-5 then STOP:=true;

STOP:=abs(X-XØ)< 1E-5;
```

b) Vereinfachen Sie:

```
if (P1=true) or (P2=true) then P3:=true
                               else P3:=false;
```

c) Vereinfachen Sie:

```
P3:=true;
if (P1=false) or (P2=false) then P3:=false;
```

d) In dieser Aufgabe wird die Problematik des sog. dangling **else** angesprochen.
Erläutern Sie das folgende Programmfragment:

```
readln(A,B);
if A<=B then
  if B<Ø then writeln('A negativ')
else writeln('A größer als B');
writeln(A*A + B*B);
```

Was geschieht nach Eingabe von 1Ø für A und Ø für B?
Was geschieht nach Eingabe von Ø für A und 1Ø für B?

Zur Problematik des "dangling **else**" siehe [21, Kap.3], wo auch Lösungen, die für andere Programmiersprachen gefunden wurden, dargestellt sind.

Lösungen (Logische Ausdrücke II)

a) Die erste Anweisung führt nur dann zu einer Wertzuweisung zu der Booleschen Variablen STOP, wenn die Bedingung abs(X-XØ) < 1E-5 erfüllt ist. Anderenfalls bleibt der Wert von STOP unverändert, u.U. also undefiniert.
Die zweite Anweisung bewirkt in jedem Fall eine Wertzuweisung zu der Variablen STOP.

b) Wir schließen aus der Semantik, daß P1, P2 und P3 Boolesche Variable sein müssen. Der Wahrheitswert von P1=true ist gleich dem von P1, ebenso für P2. Wir können vereinfachen:

if P1 **or** P2 **then** P3:=true **else** P3:=false;

Weiterhin kann die Wertzuweisung ohne Fallunterscheidung vorgenommen werden:

P3:=P1 **or** P2;

c) Ähnlich wie in b) kann die Aussage (P1=false) **or** (P2=false) vereinfacht werden zu **not** P1 **or** **not** P2, diese wiederum ist gleichwertig zu **not** (P1 **and** P2). Die Wertzuweisungen können schließlich zu der folgenden einzigen Anweisung vereinfacht werden:

P3:=P1 **and** P2;

d) Nach der Eingabe von 1Ø für A und Ø für B wird kein Text ausgegeben, nur der numerische Wert 1ØØ. Nach der Eingabe von Ø für A und 1Ø für B wird ausgegeben:
A größer als B
1ØØ
Erklärung: Entgegen dem durch die Anordnung der Zeilen nahegelegten Eindruck, gehört das **else** zum inneren **if**. Soll das Programmstück so funktionieren, wie es der Text aussagt, kann ein **else** mit leerer Anweisung eingefügt werden:

if A<=B **then**
  if B<Ø **then** writeln('A negativ') **else**
else writeln ('A größer als B');

Alternativ kann die innere **if**-Abfrage in eine **begin** ...**end**-Klammer eingeschlossen werden.

Logische Ausdrücke III

a) Vereinfachen Sie die folgende Anweisung:

```
if (A>Ø) or (B >A) then C:=C-1
  else if (A >= B) then C:=C+1
    else C:=Ø;
```

b) Die drei folgenden Anweisungssequenzen bewirken dasselbe. Diskutieren Sie die Vor- und Nachteile der drei Varianten! Könnte auch eine Fallunterscheidung mit **case** verwendet werden?

```
(i)     if N > Ø then VORZ:='+';
        if N < Ø then VORZ:='-';
        if N = Ø then VORZ:=' ';

(ii)    VORZ:=' ';
        if N > Ø then VORZ:='+'
          else if N < Ø then VORZ:='-';

(iii)   if N > Ø then VORZ:='+'
          else if N < Ø then VORZ:='-'
            else VORZ:=' ';
```

c) N sei eine Integer-Variable. Was ist von der folgenden Anweisung zu halten?

```
if N > maxint then N:=N-1;
```

d) Beschreiben Sie den Unterschied zwischen den beiden folgenden logischen Wertzuweisungen. (A, B, C und D sind Zahlenvariable, und X,Y sind Boolesche Variable.)

```
X := (A<B) and (C<D)
Y := (A<B)  =  (C<D)
```

Lösungen (Logische Ausdrücke III)

a) Die Verneinung der Aussage (A>Ø) **or** (B>A) ist (A<=Ø) **and** (B<=A). Insbesondere ist damit die Prüfung A>=B impliziert, so daß die zweite in der Aufgabe angeführte Abfrage überflüssig ist. Vereinfacht:

```
if (A > Ø) or (B > A) then C:=C-1
  else C:=C+1;
```

b) Im Fall (i) müssen alle drei Tests durchgeführt werden, das ist programmtechnisch nicht effektiv. Im Fall (ii) wird dies verbessert, es kommt aber fast immer zu zwei Wertzuweisungen. Fall (iii) ist programmtechnisch die beste Lösung. - Unter dem Gesichtspunkt größtmöglicher Verständlichkeit des Quellcodes wäre allerdings (i) der Lösung (iii) überlegen.

Eine Formulierung mit **case** ist nicht möglich, weil dort Fallmarken explizit aufgezählt werden müssen und jedenfalls keine beliebigen Booleschen Ausdrücke benutzt werden dürfen.

c) N > maxint kann für einen Integer-Ausdruck niemals erfüllt sein. Die Anweisung ist syntaktisch korrekt gebildet aber semantisch sinnlos. Anders läge der Fall, wenn N eine Real-Variable wäre.

d) Der Ausdruck (A < B) **and** (C < D) ist nur dann true, wenn sowohl A < B als auch C < D gelten. Der Ausdruck (A < B) = (C < D) ist genau dann true, wenn die Aussagen A < B und C < D denselben Wahrheitswert haben, also entweder beide true oder beide false sind.

4 Schleifen

Schleifen erlauben die mehrfache Ausführung einer Anweisung bzw. einer Anweisungsfolge (Iteration).

Ist die Anzahl der Wiederholungen im vorhinein bekannt oder zumindest berechenbar, dann ist die Verwendung einer **for...to** - Schleife ratsam.
Daneben bietet Pascal zwei weitere Schleifenstrukturen:

repeat...until	(wiederhole bis Abbruchbedingung erreicht)
while...do	(solange Fortsetzbedingung gilt wiederhole)

for...to-Schleifen erfordern eine Kontrollvariable (Laufvariable), die zwischen einem Anfangs- und einem Endwert hochgezählt oder (mit **downto**) heruntergezählt wird. Für die Kontrollvariable kommen die ordinalen Datentypen in Frage: integer, char, Aufzählungstypen und Teilbereichstypen, jedoch nicht real. Wenn also in einer **for...to**-Schleife eine andere Schrittweite als ± 1 benötigt wird, müssen Hilfskonstruktionen herangezogen werden. Eine naheliegende Anwendung von **for...to**-Schleifen ist das Bearbeiten von Feldern (Typ **array**).

Der Wert der Laufvariablen ist nach dem Verlassen einer **for...to**-Schleife undefiniert. Innerhalb der Schleife darf der Laufindex nicht aktiv geändert werden.

Bei vielen Fragestellungen ist zunächst unbekannt, wie oft ein Vorgang wiederholt werden muß, z.B. beim Einlesen einer Datei unbekannter Länge, beim interaktiven Arbeiten (wenn Eingaben auf Zulässigkeit überprüft werden und es in der Regel nicht klar ist, wie oft ein Eingabefehler auftritt). In solchen Fällen muß mit einer **repeat**- oder einer **while**-Schleife gearbeitet werden (sog. ereignisgesteuerte Schleifen).

repeat...until-Schleifen entsprechen in ihrer Logik eng den gewohnten umgangssprachlichen Formulierungen. Sie sind immer dann passend, wenn der Schleifenkörper mindestens einmal durchlaufen werden muß. Schwierigkeiten entstehen allerdings in dem einen Fall, daß eine ereignisgesteuerte Schleife mit einer Variablen vom Aufzählungstyp kontrolliert werden soll, entweder am Anfang oder am Ende fehlt dann ein einzelner Wert. In diesem Fall ist es meist bequemer, eine **for...to**-Konstruktion zu benutzen.

while...do - Schleifen sind auch dann anwendbar, wenn die Schleife eventuell überhaupt nicht durchlaufen werden soll. Sie sind, theoretisch, allgemeiner als **repeat...until**-Schleifen, doch liegt ihre Syntax dem umgangssprachlichen Denken weniger nahe. Es wäre daher nicht generell wünschenswert, alle **repeat...until**-Schleifen in **while...do**-Schleifen zu transponieren.

Zählschleifen

a) Gegeben ist die folgende Vereinbarung:

```
type EG = (B,D,DK,E,F,GB,GR,I,IRL,L,NL,P);
var LAND : EG;
```

Formulieren Sie eine Schleifenanweisung, die alle 12 Werte des Aufzählungstyps durchläuft

- mit einer **for**...**to**-Schleife

- mit einer **repeat**...**until**-Schleife

Im zweiten Fall dürfen Sie eine weitere Variable definieren.

b) Konstruieren Sie eine **for**...**to**-Schleife, die alle Werte von x = 10 bis x = 35 in Schritten von Ø.Ø1 durchläuft.

c) Konstruieren Sie eine Zählschleife von I:=1 bis I:=9999, die alle ungeraden Zahlen durchläuft. Begründen Sie, weshalb die folgende Konstruktion fehlerhaft ist:

```
for I:=1 to 9999 do
begin
  if not odd(I) then I:=I+1;
  ...
end;
```

Lösungen (Zählschleifen)

a) Konstruktion mit **for** ... **to**:

```
for LAND:=B to P do (*Schleifenkörper*)
```

Konstruktion mit **repeat** ... **until**, wobei eine Boolesche Variable FERTIG benutzt wird:

```
LAND := B;
repeat
  FERTIG := LAND=P; (*Schleifenkörper*)
  if not FERTIG then LAND := succ(LAND)
until FERTIG;
```

b) Es sind 25 Einheiten mit je 1ØØ Teilschritten zu durchlaufen, insgesamt sind es 25ØØ Intervalle. Mit einem Laufindex I von Ø bis 25ØØ kann leicht der jeweilige Wert von X durch die Formel X:=Ø.Ø1*I+1Ø berechnet werden. Die Schleife lautet:

```
for I:=Ø to 25ØØ do
  begin
    X := Ø.Ø1*I+1Ø;
    ...
  end;
```

c) Möglich ist eine Schleife von I:=1 bis 5ØØØ, wobei der jeweilige ungerade Zahlenwert durch die Formel 2*I-1 berechnet wird. Ebenfalls möglich ist eine Schleife von I:=1 bis 9999, wenn die Boolesche Funktion odd benutzt wird, um bei geradem Argument keine Anweisung ausführen zu lassen:

```
for I:=1 to 9999 do
  if odd(I) then (*Schleifenkörper*)
```

Die in der Aufgabenstellung angegebene Schleifenkonstruktion verstößt gegen die Regel, daß die Kontrollvariable innerhalb der Schleife nicht verändert werden darf. Ein solcher Fehler wird in UCSD- und Turbo-Pascal beim Compilieren nicht entdeckt und führt zu unerwarteten Ergebnissen beim Programmlauf (in UCSD- und Turbo-Pascal verschieden).

Schleifenarten

a) Welche Ausgabe erzeugt das folgende Programm?

```
program S1;
var I,S: integer;
begin
  S := Ø;
  for I := Ø to 9 do
    if odd(I) then S := S+I;
  writeln(S)
end.
```

b) Welche Ausgabe erzeugt das folgende Programm?

```
program S2;
var I,S: integer;
begin
  S := Ø; I := Ø;
  repeat
    S := S + 2*I + 1;
    writeln(S);
    I := I+1
  until I = 1Ø
end.
```

c) Welche Ausgabe erzeugt das folgende Programm?

```
program S3;
var I,J: integer;
begin
  I := Ø;
  while I <= 9 do
  begin
    if odd(I) then
      for J := 1 to I do write('.')
      else writeln;
    I := I+1
  end
end.
```

Lösungen (Schleifenarten)

a) Es wird die Summe der ungeraden Zahlen von 1 bis 9 berechnet. Als Ergebnis wird ausgegeben: 25

b) Es werden die 1Ø ersten ungeraden Zahlen addiert und die Teilsummen ausgegeben. Zu beachten ist, daß das Inkrementieren (Hochzählen) der Laufvariablen I am Ende der Schleife erfolgt. Der letzte Wert I = 1Ø hat für das Ergebnis keine Bedeutung mehr. Es wird ausgegeben:

```
1
4
9
16
25
36
49
64
81
1ØØ
```

c) Innerhalb der **while**-Schleife befindet sich eine **for**-Schleife. Die **while**-Schleife wird mit den Werten I = Ø bis I = 9 durchlaufen. Ist I ungerade, dann bewirkt die **for**-Schleife die Ausgabe von I Punkten, ohne Zeilenvorschub; ist I gerade, dann erfolgt ein Zeilenvorschub.
Es wird ausgegeben:

```
.
...
.....
.......
.........
```

Fallbeispiel Schleifenkonstruktion

```
program QUERSUMME;
var X,QS: integer;
begin
  write('Eingabe ganze Zahl: ');
  readln(X);
  X:=abs(X); QS:=Ø;
  while X>Ø do
    begin
    (* 1 *)
    QS := QS + X mod 1Ø;
    X := X div 1Ø
  end;
  writeln('Quersumme = ',QS)
end.
```

a) Welche Ausgabe ergibt sich nach der Eingabe von 26752 für X?

b) An der mit (* 1 *) gekennzeichneten Stelle wird die Anweisung writeln(X:7,QS:7) eingefügt. Welche Ausgabe ergibt sich dann für X = 26752?

c) Formulieren Sie das Programm mit Hilfe einer **repeat. ..until**-Schleife!

d) Gesucht sei die einstellige Quersumme der Zahl X, d.h. wenn QS einen Wert über 1Ø besitzt, dann soll wiederum davon die Quersumme berechnet werden, usw. Dazu ist eine weitere Schleife zu benutzen.

e) Weshalb ist für dieses Problem eine Konstruktion mit **for...to**-Schleifen weniger angebracht?

Lösungen (Fallbeispiel Schleifenkonstruktion)

Das Programm dient zur Berechnung der Quersumme einer ganzen Zahl X (integer). Dies ist die Summe der einzelnen Ziffern. Für X = 26752 ist die Quersumme QS = 2+6+7+5+2 = 22.

Innerhalb der **while**-Schleife wird jeweils die letzte Ziffer (Einerstelle) der Zahl ermittelt (X **mod** 1Ø) und zu der Summe QS addiert. Sodann wird die Zahl ganzzahlig durch 1Ø dividiert, d.h. die letzte Ziffer wird abgeschnitten (X **div** 1Ø). Im Programm wird also die Quersumme durch Addition der Ziffern von rechts nach links bestimmt.

a) Ausgabe:
Quersumme = 22

b) Ausgabe:

```
  26752      Ø
   2675      2
    267      7
     26     14
      2     20
Quersumme = 22
```

c)

```
...
repeat
  QS:=QS+X mod 1Ø;
  X:= X div 1Ø
until X = Ø;
...
```

d) In einer zweiten Schleife wird jeweils die Quersumme der Quersumme berechnet, bis diese einstellig ist.

```
repeat
  while X > Ø do ...; X:=QS
until X < 1Ø;
writeln('Einstellige Quersumme = ', QS);
```

Hinweis: Die einstellige Quersumme ist, mathematisch betrachtet, leicht zu bestimmen als Rest bei der ganzzahligen Division durch 9. Die Verwendung von Schleifen ist dann völlig überflüssig: QS:= X **mod** 9;

e) Eine **for...to**-Schleife erfordert die Kenntnis der Anzahl der Schleifendurchläufe, hier ist das die Anzahl der Ziffern der Zahl X. Sie läßt sich mittels ln(X)/ln(1Ø)+1 berechnen, dies führt aber zu einem vergleichsweise höheren Aufwand als eine ereignisgesteuerte **while**- oder **repeat**-Schleife.

5 Datentypen

Wie bereits in Kapitel 1 erwähnt wurde, sind in Pascal generell zwei Arten von Datentypen zu unterscheiden: einfache Datentypen und strukturierte Datentypen.

	Einfach	Strukturiert	Sonderfall
	real	**array**	Zeiger
Ordinal	integer	**record**	
	Boolean	**set**	
	char	**file**	
	Aufzählungen		
	Unterbereiche (Ausschnitte)		

Klassifikation der Datentypen

Einfache Typen:

Nur die vier Datentypen real, integer, Boolean und char sind in einer Weise vordefiniert, daß sie der Programmierer ohne weiteres verwenden kann (Standardtypen).

Ein Aufzählungstyp wird durch explizite Angabe der Namen der Werte definiert. Dadurch sind diese Werte geordnet und werden intern durch ganze Zahlen Ø, 1, 2, 3, ... dargestellt. Beispiel:

```
var RICHTUNG: (NORD, OST, SUED, WEST);
```

Ein Unterbereich (Ausschnitt) eines einfachen Datentyps (ausgenommen real) wird durch Festlegen des kleinsten und des größten erforderlichen Wertes vereinbart, z.B. 1..999 oder 'A'..'Z'. Der umfassende Typ heißt Wirtstyp, z.B. ist integer der Wirtstyp des Unterbereichs 1..999.

Einfache Typen (außer real) werden verwendet
- zur Kontrolle von **for** ... **to** - Schleifen,
- als Indextyp von Feldern und als Basistyp für Mengen,
- bei Fallunterscheidungen mit **case**.
- Funktionswerte müssen von einfachem Typ sein (oder Zeiger).

Die einfachen Datentypen außer real heißen auch Ordinaltypen, weil man ihre Werte eindeutig ganzen Zahlen zuordnen kann.

Strukturierte Typen:

Kennzeichen ist, daß durch strukturierte Datentypen mehrere Komponenten zusammengefaßt werden können. In diesem Kapitel betrachten wir Felder (**array**), Verbunde (**record**) und Mengen (**set**). Bei der Definition strukturierter Typen kann das Attribut **packed** verwandt werden, wodurch der Übersetzer einen speicherplatzoptimalen Code erzeugt.

Die Definition eines **array**-Typs erfordert die Angabe eines Indextyps, der z.B. ein Unterbereich der ganzen Zahlen, eine Aufzählung oder ein Unterbereich von char sein kann. Jedem Wert des Indextyps entspricht ein Wert des Komponententyps; als Komponententyp kommt jeder Typ in Frage. Durch die folgende Vereinbarung wird eine **array**-Variable F mit vier Komponenten definiert.

var F : **array** [3..6] **of** real;

Der Komponententyp ist real, der Indextyp ist 3..6, d.h. ein Unterbereich des Typs integer. - In der deutschen Literatur zu Pascal ist für **array** die Bezeichnung "Feld" gebräuchlich, gelegentlich wird auch "Reihung" benutzt. Leider entsteht hier ein Konflikt mit der DIN-Festlegung, die die Komponenten eines Verbunds Felder nennt. Der Deutlichkeit halber benutzen wir daher in diesem Text das häßliche Wort **array** und vermeiden meistens den zutreffenderen Namen Feld.

Als Komponententyp eines **array**s darf wiederum ein **array** verwandt werden; in diesem Fall ist eine abkürzende Schreibweise erlaubt. Beispiel:

type SCHACHBRETT = **array** [1..8, (A,B,C,D,E,F,G)] **of** ...

Zeichenketten sind Folgen beliebiger Zeichen, wie z.B. Texte. Sie können in Pascal durch einen Typ der Art **packed array**[...] **of** char dargestellt werden. Alle gängigen Implementationen der Sprache Pascal gehen hierbei aber über die Norm hinaus und bieten für Zeichenketten einen Datentyp string an, der sich durch folgende Eigenschaften auszeichnet:

- die aktuelle Länge einer String-Variablen kann dynamisch zwischen Ø und dem maximalen (vereinbarten) Wert schwanken
- es werden zahlreiche Funktionen und Prozeduren zur Stringbearbeitung angeboten; wichtig sind die Funktionen copy (Kopieren), concat (Zusammenfügen), length (aktuelle Länge) und pos (gibt an, ob und wo ein Teil in einem String auftritt) sowie die Prozeduren delete (Löschen) und insert (Einfügen).

Ein **record** (Verbund) besteht aus mehreren Komponenten, die von unterschiedlichem Typ sein können. Beispiel:

```
type DATUM = record
                 TAG : 1..31;
                 MONAT : 1..12;
                 JAHR : 1900..2000;
                 WOCHENTAG : (MO,DI,MI,DON,FR,SA,SO)
             end;
```

Der Verbund-Datentyp DATUM enthält vier Komponenten ("Felder") mit jeweils verschiedenen Datentypen: drei Unterbereiche und eine Aufzählung.

Auf die Komponenten eines Verbunds kann entweder explizit oder mit Hilfe einer **with**-Anweisung zugegriffen werden. Definiert man

```
var GESTERN, HEUTE : DATUM;
```

dann sind folgende Anweisungen erlaubt:

```
with GESTERN do
  begin
    TAG:=22; MONAT:=11; JAHR:=1984;
    WOCHENTAG:=FR
  end;
HEUTE.TAG:=GESTERN.TAG+1;
HEUTE.MONAT:=GESTERN.MONAT;
HEUTE.JAHR:=GESTERN.JAHR;
HEUTE.WOCHENTAG:=succ(GESTERN.WOCHENTAG):
```

Neben den bisher erwähnten einfachen Verbunden, gibt es in Pascal auch Verbunde mit einem Variantenteil. Dies bedeutet, daß einige Komponenten des Verbunds eventuell nicht vorhanden sind oder einen abweichenden Typ besitzen. Für spezielle Anwendungen wie z.B. das Umgehen des Typzwangs oder direkte Speicherplatzadressierung - Stichwort: PEEK und POKE in Pascal - sind Verbunde mit einem Variantenteil von besonderem Interesse; auf sie wird hier jedoch nicht näher eingegangen.

Eine Menge (**set**) erfordert einen ordinalen Basistyp wie z.B. einen Ausschnitt aus integer, char oder einen Aufzählungstyp. Eine Variable vom Mengentyp kann dann keine, einige oder alle Werte des Basistyps enthalten. Tests auf Enthaltensein in einer Menge und Mengenvergleiche sind wirkungsvolle Mittel zur Formulierung logischer Aussagen. Für Mengen mit gleichem (oder zumindest verträglichem) Basistyp sind die Operationen Vereinigung (+), Durchschnitt (*) und Mengendifferenz (-) erklärt. Beispiel:

```
type ZIFFERN = ('Ø'..'9');
var M : ZIFFERN; A : char;
...
M := ['Ø', '2', '4', '6', '8'];
if A in M then writeln(A,' ist gerade');
M:= M - ['Ø'];
```

Die leere Menge wird durch [ ] bezeichnet. Explizite Mengenangaben im Anweisungsteil eines Programms dürfen Abschnitte und Variable enthalten, z.B. ist erlaubt:

```
N:=1Ø; MZ:= [1..2*N]
```

Im Gegensatz zu **arrays** und **records** können Mengenkonstanten auch direkt im Programm verwendet werden, ohne daß im Vereinbarungsteil zuvor eine entsprechende Variable definiert wurde. Beispiel:

```
write('Ihre Antwort (J/N) :');
repeat
  read(A)
until A in ['J', 'j', 'N', 'n'];
```

Der Datentyp Datei (**file**) wird in Kapitel 8 gesondert betrachtet.

Der Datentyp Zeiger (pointer) wird im Zusammenhang mit dynamischen Datenstrukturen verwandt. Diese werden in Kapitel 9 behandelt.

Aufzählungen

a) Ist die folgende Typvereinbarung erlaubt?

```
type SORTE = (DM, FF, US$);
```

b) In einem Programm findet sich folgende Vereinbarung:

```
type MEINUNG = (ZUSTIMMUNG, ABLEHNUNG, NEUTRAL);
var  URTEIL : MEINUNG;  EINGABE : char;
```

Wie beurteilen Sie das folgende Programmstück zur Eingabe?

```
writeln('Geben Sie Ihr Urteil ab');
writeln('-=Ablehnung,  Ø=neutral,  +=Zustimmung');
read(EINGABE);
if EINGABE = '-' then URTEIL := ABLEHNUNG;
if EINGABE = 'Ø' then URTEIL := NEUTRAL;
if EINGABE = '+' then URTEIL := ZUSTIMMUNG;
```

Ist es syntaktisch korrekt? Kann man es vereinfachen?

Die folgende Variable vom Aufzählungstyp wurde vereinbart:

```
var BUCHSTABE : (A,B,C,D,E,F,G,H,I,J,K,L,M,
                 N,O,P,Q,R,S,T,U,V,W,X,Y,Z);
```

Stimmen Sie folgenden Aussagen zu?

c) BUCHSTABE ist vom Typ char.

d) Die Funktion ord(BUCHSTABE) ergibt Werte zwischen Ø und 25.

e) Mit der Variablen BUCHSTABE können Schleifen kontrolliert werden, etwa wie folgt

```
for BUCHSTABE := A to Z do ...
```

f) Die folgende Vereinbarung ist eine sinnvolle Ergänzung der Variablen BUCHSTABE:

```
var ZIFFER : (Ø,1,2,3,4,5,6,7,8,9);
```

g) Der Wert der Variablen BUCHSTABE kann mit writeln (BUCHSTABE) ausgegeben werden.

Lösungen (Aufzählungen)

a) Die Vereinbarung **type** SORTE = (DM, FF, US$) ist nicht erlaubt, weil die Werte eines Aufzählungstyps zulässige Namen sein müssen. Das Sonderzeichen $ darf nicht in einem Namen verwendet werden. Richtig wäre z.B.:

```
type SORTE = (DM, FF, USDOLLAR);
```

b) Das Programmstück ist korrekt, jedoch ist die Konstruktion mit einer dreimaligen **if**-Abfrage umständlich. Besser und übersichtlicher wäre eine **case**-Anweisung:

```
case EINGABE of
  '-' : URTEIL := ABLEHNUNG;
  'Ø' : URTEIL := NEUTRAL;
  '+' : URTEIL := ZUSTIMMUNG
end;
```

Möglich ist auch eine geschachtelte Konstruktion mit **if...then...else if...** - Übrigens sollte die Eingabe auf Zulässigkeit überprüft werden; etwa wie folgt:

```
repeat read(EINGABE) until EINGABE in ['-','Ø','+'];
```

c) Nein, BUCHSTABE ist ein vom Programmierer definierter Aufzählungstyp.

d) Richtig, die Numerierung der Werte von Aufzählungstypen beginnt mit Ø.

e) Richtig.

f) Diese Vereinbarung ist in Pascal nicht möglich, leider, da die Werte eines Aufzählungstyps Namen sein müssen.

g) Nein, ganz falsch! Die Werte von Aufzählungstypen können nicht direkt mit write ausgegeben (und auch nicht mit read eingelesen werden). Erforderlich ist eine umständliche Hilfskonstruktion, etwa wie folgt:

```
case BUCHSTABE of
  A : write('A');
  B : write('B');
  .
  .
  .
end (*case*);
```

Unterbereiche

In einem Programm wird der folgende Ausschnittstyp GRAD definiert:

```
type  GRAD = Ø..359;
var   ALPHA, BETA, GAMMA : GRAD;
      I : integer;
```

Sind dann folgende Anweisungen erlaubt?

a) `ALPHA := I mod 36Ø;`

b) `BETA  := abs(ALPHA-BETA);`

c) `I     := 2*GAMMA;`

d) Es ist nicht möglich, einen Bereich eines vorhandenen Datentyps zu definieren, der aus mehreren nicht zusammenhängenden Abschnitten besteht.
Unzulässig ist z.B. die Vereinbarung:

```
type BUCHSTABE = 'A'..'Z','a'..'z';
```

Zulässig ist die Vereinbarung:

```
type BUCHSTABE = 'A'..'z';
```

Bei Verwendung des ASCII-Zeichensatzes enthält dieser Typ neben den Groß- und Kleinbuchstaben auch weitere Zeichen.

Formulieren Sie eine Boolesche Funktion TEST, die prüft, ob eine Variable vom Typ BUCHSTABE als Wert einen Buchstaben hat, wenn als Typvereinbarung die zweite Deklaration zugrunde gelegt wird.

e) Können Variable, die zu verschiedenen Unterbereichen der ganzen Zahlen gehören, durch Rechenoperationen miteinander verknüpft werden?
Beispiel:

```
var A : Ø..9;  B : -9Ø..9Ø;
```

Darf dann z.B. der Ausdruck A + B im Programmcode auftreten?

Lösungen (Unterbereiche)

Der Variablentyp GRAD ist ein Unterbereich des Typs integer. Variable dieses Typs sind zuweisungsverträglich mit Integer-Variablen; und umgekehrt sind Integer-Ausdrücke, deren Wert im vereinbarten Bereich liegt, mit Variablen des Typs GRAD verträglich.

a) Die Anweisung ist erlaubt. Soll hiermit jedoch die Umrechnung einer Winkelangabe, die außerhalb von Ø bis 359 liegt, erreicht werden, so ist sie für negative Werte zu ergänzen:

```
while I<Ø do I:=I+36Ø;
ALPHA := I mod 36Ø;
```

b) Die Anweisung ist erlaubt.
Der Ausdruck abs(ALPHA-BETA) kann nur zulässige Werte annehmen.

c) Die Anweisung ist erlaubt, weil der Ausdruck 2*GAMMA als Integer-Wert interpretiert wird.

d) Die Verwendung eines Ausschnitts der Art

'A'..'Z', 'a'..'z'

ist <u>in Mengenkonstanten</u> erlaubt. Eine mögliche Lösung der gestellten Aufgabe ist daher:

```
function TEST(X:BUCHSTABE):Boolean;
begin
  TEST:= X in ['A'..'Z','a'..'z']
end
```

e) Ja, da A und B zu Unterbereichen desselben Datentyps (integer) gehören, darf der angegebene Ausdruck gebildet werden; dies ist syntaktisch zulässig. Ob es semantisch sinnvoll ist, bleibt dabei offen.

Vereinbarung von **arrays**

a) Wie viele Speicherplätze für Integer-Zahlen werden durch die folgende Variablen-Vereinbarung reserviert?

```
type ZEILE = array [1..4] of integer;
var TABELLE1, TABELLE2: array [1..20] of ZEILE;
```

b) Sind danach die folgenden Anweisungen erlaubt? (I und J sind Integer-Variable.)

```
(i)   for I := 1 to 4 do
        for J := 1 to 20 do TABELLE1[I,J] := 0;
(ii)  TABELLE2 := TABELLE1;
(iii) TABELLE1[2][3] := [4];
```

c) Sind die folgenden Vereinbarungen zulässig? Wenn ja, wie viele Speicherplätze werden reserviert?

```
(i)   var A: array [Boolean] of 1..5;
(ii)  var B: array [M,N,T] of real;
(iii) var C: array [-5..45] of char;
(iv)  var D: array [(LKW,BAHN,POST)] of integer;
(v)   const N = 10; var E: array [1..2*N] of real;
```

d) Wie viele Bytes (= 8 bit) werden bei der folgenden Variablenvereinbarung für M mindestens reserviert?

```
var M: array [1..8,1..8,1..8] of set of 0..255;
```

Lösungen (Vereinbarung von **arrays**)

a) Jede ZEILE enthält 4 Variable; eine TABELLE enthält 2Ø ZEILEn d.h. 8Ø Integer-Variable. Durch die Variablen-Vereinbarung werden insgesamt 16Ø Integer-Variable reserviert.
Hinweis: In UCSD-Pascal sind bei Namen nur die ersten acht Zeichen signifikant, in Turbo-Pascal hingegen alle Zeichen. Die folgende Vereinbarung wäre daher in Turbo-Pascal erlaubt, in UCSD-Pascal ergäbe sich ein Kompilationszeitfehler:

```
var WERTETABELLE1, WERTETABELLE2:
                        array [1..2Ø] of ZEILE;
```

b) (i) Die Anweisung ist nicht zulässig, weil der erste Index im Bereich 1..2Ø läuft und der zweite im Bereich 1..4.

(ii) Zulässig

(iii) Die Anweisung ist nicht erlaubt, weil auf der rechten Seite eine Menge steht und kein Integer-Ausdruck. Es spielt hier keine Rolle, daß die Menge nur ein Element enthält, nämlich die Integer-Zahl 4. - Zulässig ist, in TABELLE1 die dritte Spalte der zweiten Zeile wie angegeben anzusprechen; möglich ist aber auch TABELLE1[2,3] := 4;

c) (i) Ja, es werden zwei Speicherplätze reserviert.

(ii) Nein, richtig wäre **array**[(M,N,T)] **of** char, vgl. (iv).

(iii) Ja, es werden 51 Speicherplätze reserviert.

(iv) Ja, drei Speicherplätze.

(v) Nein, 1..2*N ist in Pascal keine erlaubte Festlegung eines Ausschnitts.

d) Das **array** hat 8*8*8=256 Komponenten; jede davon benötigt 256 bit = 64 Byte. Mindestens werden also 256*64 Byte = 16 KByte benötigt.

Benutzung von **arrays**

a) M sei ein zweidimensionales **array** von Zahlen:

```
var M : array [1..N, 1..N] of integer;
```

Das folgende Programmstück dient zum Einlesen der N^2 Werte:

```
for I := 1 to N do
  for J := 1 to N do readln(M[I,J]);
```

Im Spezialfall, daß M ein sog. symmetrisches **array** ist (d.h. es gilt stets M[I,J]=M[J,I]), müssen nicht alle N^2 Werte eingelesen werden, sondern nur etwas mehr als die Hälfte. Verändern Sie das Programmstück entsprechend.

b) Wo liegt der Fehler im folgenden Programmfragment?

```
const N = 1ØØ;  type BEREICH = 1..N;
var A : array [BEREICH] of real;  I : BEREICH;
...
I := 1;
repeat  A[I] := Ø;  I := I+1
until I > N;
```

c) Ein **array** von 4Ø Zeichen wird nach einem speziellen Zeichen durchsucht. Ist es vorhanden, dann soll die erste Platznummer angegeben werden, auf der das Zeichen vorliegt, anderenfalls Ø. Beurteilen Sie das folgende Programmstück!

```
type ZEILE : packed array [1..4Ø] of char;
...
function POS(C:char; Z:ZEILE): integer;
var I : 1..4Ø;
begin
  POS := Ø;
  for I := 1 to 4Ø do
    if ZEILE[I]=C then POS:=I
end (* POS *);
```

Lösungen (Benutzung von **arrays**)

a) Wir stellen uns M als rechteckige Anordnung vor, wobei I die Zeilen und J die Spalten numeriert. Die genannte Symmetriebedingung erlaubt, daß von der ersten Zeile nur das erste Element, von der zweiten Zeile nur die zwei ersten Elemente, von der dritten Zeile nur die drei ersten Elemente ... eingelesen werden. Das bedeutet, daß der Spaltenindex J in Zeile I nur von 1 bis I läuft.

```
for I:=1 to N do
  for J:=1 to I do
    begin readln(M[I,J]); M[J,I]:=M[I,J] end;
```

b) Die Variable I ist vom Typ BEREICH, d.h. sie kann nur Werte zwischen 1 und N annehmen, in diesem Fall also von 1 bis 1ØØ. Das Inkrementieren in der Schleife nimmt auf die obere Begrenzung aber keine Rücksicht, die Schleife würde erst verlassen, wenn I den Wert 1Ø1 erhalten hat. Der Versuch, diesen Wert zuzuweisen führt aber zu einem Laufzeitfehler. Angebrachter wäre hier eine **for...to**-Schleife.
Hinweis: In UCSD- und Turbo-Pascal kann durch die Compileroption $R- der Test auf Bereichsüberschreitung ausgeschaltet werden. $R- ist in Turbo-Pascal voreingestellt, in Apple-Pascal ist das Gegenteil der Fall.

c) Das Programmstück findet nicht das erste, sondern das letzte Auftreten des Zeichens C. Hier sollte statt der **for...to**-Schleife besser eine ereignisgesteuerte Schleife benutzt werden, etwa:

```
var I:Ø..4Ø;
...
POS:=Ø; I:=Ø;
repeat
  I:=I+1;
  if ZEILE[I]=C then POS:=I
until (I=4Ø) or (POS>Ø)
```

Zeichenketten als **arrays of** char

Der Typ STRING8 sei definiert als

```
type STRING8 = packed array [1..8] of char;
```

Mit Variablen dieses Typs werden Buchsignaturen einer Bibliothek verarbeitet. Die Signaturen bestehen aus einem oder aus zwei Buchstaben und einer Ziffernfolge, aus der das Anschaffungsjahr ersichtlich ist.
Beispiele:

A82242	(Anschaffungsjahr = 1982, Nr.242)
T7894	(Anschaffungsjahr = 1978, Nr.94)
Ph81416	(Anschaffungsjahr = 1981, Nr.416)

a) Schreiben Sie eine Funktion, die zu einer Signatur das Anschaffungsjahr bestimmt:

```
function AJAHR(S:STRING8):integer;
```

b) Schreiben Sie eine Funktion, die zu einer Signatur die laufende Nummer bestimmt:

```
function NR(S:STRING8):integer;
```

c) Ordnen Sie zwei gegebene Titelsignaturen in aufsteigender Folge nach Anschaffungsjahr (Hauptkriterium) und laufender Nummer (Nebenkriterium):

```
procedure ORDNE(var S,T:STRING8);
```

Vorsicht: Bei Verwendung einfacher Vergleiche der Zeichenketten durch < ergibt sich z.B. T7894 größer als T78194! Es sind daher die Funktionen AJAHR und NR zu benutzen.

Die hier geforderte Benutzung von Unterprogrammen ist ein Vorgriff auf Kapitel 7.

Anmerkung: Die Benutzung des Datentyps Zeichenkette zur Codierung <u>mehrerer</u> Daten ist ineffektiv und nicht zu empfehlen. Angemessener ist ein Verbund-Datentyp (vgl. S.73).

Lösungen (Zeichenketten als **arrays of** char)

a) Es muß bestimmt werden, ob das Anschaffungsjahr durch die Zeichen 2 und 3 oder durch die Zeichen 3 und 4 angegeben wird. Dies geschieht durch den Test, ob Zeichen 2 eine Ziffer ist:

```
function AJAHR(S:STRING8):integer;
var I: 2..3;
begin
  if S[2] in ['Ø'..'9'] then I:=2 else I:=3;
  AJAHR:=1Ø*(ord(s[I]-ord('Ø'))
          +(ord(s[I+1]-ord('Ø'))
end (* AJAHR *);
```

b) Wie in a) muß eine Fallunterscheidung getroffen werden, ob die lfd. Nr. mit dem 4. oder 5. Zeichen beginnt. Weiterhin ist die Stellenzahl der Nummer nicht eindeutig festgelegt. Zur Berechnung des Funktionswertes wird das Horner-Schema benutzt:

```
function NR(S:STRING8):integer;
var I: 4..9; ZAHL: integer;
begin
  if S[2] in ['Ø'..'9'] then I:=4 else I:=5;
  ZAHL:=Ø;
  repeat
    ZAHL:=1Ø*ZAHL+(ord(s[I])-ord('Ø'));
    I:=I+1
  until not(S[I] in ['Ø'..9']) or (I=9);
  NR:=ZAHL
end (* NR *);
```

c) Das Ordnen soll unter zwei Gesichtspunkten erfolgen; nach der lfd. Nr. ist nur dann zu ordnen, wenn die Signaturen zum gleichen Anschaffungsjahr gehören.

```
procedure ORDNE(var S,T:string8);
var Z: STRING8;
begin
  if (AJAHR(S)>AJAHR(T))
  or (AJAHR(S)=AJAHR(T))and(NR(S) > NR(T))
  then begin Z:=S; S:=T; T:=Z end
end (* ORDNE *);
```

Zeichenketten als Strings

In einem **array** von Strings

```
type NAMENSLISTE = array [1..40] of string[20];
var  TEILNEHMER  : NAMENSLISTE;
```

seien bis zu 40 (möglicherweise aber weniger) Personennamen erfaßt. Es werden nur Großbuchstaben ohne Umlaute benutzt. Die Namen sind eventuell nicht in aufeinanderfolgenden Komponenten gespeichert, es können Lücken auftreten.

a) Schreiben Sie eine Funktion ANZAHL, die die aktuelle Zahl der Eintragungen in der Teilnehmerliste angibt:

```
function ANZAHL(NAME:NAMENSLISTE):integer;
```

b) Schreiben Sie eine Prozedur PACKEN, die alle Lücken tilgt (d.h. an das Ende des **arrays** bringt):

```
procedure PACKEN(var NAME:NAMENSLISTE);
```

Weiterhin sollen die Nachnamen in alphabetische Reihenfolge gebracht werden. Jede Namensangabe kann auch Vornamen oder Initiale enthalten, folgende Formate können z.B. auftreten:

DIRK DRANSFELD, A. A. M. KLAMBAUER, SUESSMAIR

Vornamen sind entweder ausgeschrieben oder abgekürzt, oder sie fehlen. (Weitere Komplikationen wie Titel, Doppelnamen usw. werden hier außer acht gelassen.)

c) Schreiben Sie eine Prozedur, die aus den Namensangaben die Vornamen entfernt. Auch eventuell vorhandene Leerfelder sind zu löschen. Die verkürzten Namen sollen in einem **array** NACHNAME vom Typ NAMENSLISTE gespeichert werden und dort in der gleichen Reihenfolge auftreten wie im **array** TEILNEHMER.

```
procedure KOPIERE(NAME:NAMENSLISTE;
                  var NACHNAME:NAMENSLISTE);
```

Lösungen (Zeichenketten als Strings)

a) Durch Benutzen der Funktion length kann die Anzahl der nicht-leeren Strings leicht festgestellt werden:

```
function ANZAHL(NAME:NAMENSLISTE):integer;
var ANZ,I: 1..4Ø;
begin
  ANZ:=Ø;
  for I:=1 to 4Ø do
    if length(NAME[I])>Ø then ANZ:=ANZ+1;
  ANZAHL:=ANZ
end (* Anzahl *);

procedure PACKEN(var NAME:NAMENSLISTE);
var I,J: 1..4Ø;
begin
  for I:=1 to 4Ø do
    if length(NAME[I])=Ø then
    for J:=I to 39 do
    begin NAME[J]:=NAME[J+1]; NAME[J+1]:='' end
end (* PACKEN *)
```

Der hier gewählte Algorithmus ist sehr simpel, für große **arrays** ist er nicht zu empfehlen. Sein Vorteil ist, daß er leicht zu durchschauen ist.

c) Wir durchsuchen den String nach einem Punkt oder einer Leerstelle. Alle Namensteile links von Punkt oder Leerstelle gehören nicht zum Nachnamen und werden abgeschnitten:

```
procedure KOPIERE(NAME:NAMENSLISTE;
                  var NACHNAME:NAMENSLISTE);
var I: 1..4Ø;
begin
  NACHNAME:=NAME;  (* Wertzuweisung ganzer arrays *)
  for I:=1 to 4Ø do
    begin
      while pos('.',NACHNAME[I])>Ø do
         delete(NACHNAME[I],1,pos('.',NACHNAME[I]));
      while pos(' ',NACHNAME[I])>Ø do
         delete(NACHNAME[I],1,pos(' ',NACHNAME[I]))
    end (* for *)
end (* KOPIERE *)
```

Verbunde

a) Ein Programm zur Verwaltung einer (kleinen) Bibliothek erfordert Datensätze, in denen folgende Information enthalten ist: Autorenname, Titel, Erscheinungsjahr und -ort, Themenbereich (Naturwissenschaft, Gesellschaftswissenschaft, Geisteswissenschaft, Belletristik), ausgeliehen (Ja, Nein).
Definieren Sie eine geeignete Datenstruktur für einen einzelnen Datensatz.

b) Darf ein Feld eines **record** wiederum ein Verbund sein? Ist z.B. die folgende Vereinbarung möglich? Falls nicht, korrigieren Sie die Vereinbarung!
Wie viele Felder hat der Typ PERSON?
Ist NAME ein Datentyp?

```
type PERSON = record
                  NAME : record
                             VORNAMEN:string[3Ø];
                             NACHNAME,
                             GEBURTSNAME:string[2Ø];
                             TITEL:string[15]
                         end;
                  ALTER : Ø..12Ø
              end;
```

(Wir setzen voraus, daß der Datentyp string verfügbar ist.)

c) Vereinbart seien drei Variable des Typs PERSON (vgl. b)).

```
var HELD, STATIST, ZEUGE : PERSON;
```

Schreiben Sie folgende Wertzuweisungen: Der Held ist 35 Jahre alt, sein Nachname ist Korn. Der Zeuge ist 12 Jahre jünger als der Statist. Der Statist heißt Frank Müller, geb. Wunderlich.

Lösungen (Verbunde)

a) Zweckmäßigerweise wird ein **record** als Datenstruktur gewählt, da die einzelnen Komponenten des Datensatzes von unterschiedlichem Typ sind.

```
type BUCH = record
               AUTOR : string[60];
               TITEL : string[255];
               JAHR : 1455..1990;
               ORT : string[30];
               THEMA : (NAT,GES,GEIST,BELL);
               VERLIEHEN : Boolean
            end;
```

b) Ja, Komponenten von **record**s dürfen wiederum **record**s sein, die gezeigte Vereinbarung ist möglich. Der Typ PERSON besitzt zwei Felder, das erste ist ein **record** mit vier Feldern. NAME ist ein Feld von PERSON, kein eigenständiger Typ.

c)
```
HELD.ALTER:=35; HELD.NAME.NACHNAME:='Korn';
ZEUGE.ALTER:= STATIST.ALTER-12;
STATIST.NAME.VORNAMEN:='Frank';
STATIST.NAME.NACHNAME:='Müller';
STATIST.NAME.GEBURTSNAME:='Wunderlich';
```

Die letzten drei Anweisungen können mit Hilfe von **with**-Anweisungen vereinfacht werden.

```
with STATIST do
  with NAME do
    begin
      VORNAMEN:='Frank';
      NACHNAME:='Müller';
      GEBURTSNAME:='Wunderlich';
    end;
```

Die Verschachtelung von **with**-Anweisungen kann verkürzt werden zu

```
with STATIST, NAME do begin ... end;
```

Möglich ist hier ein Komma oder ein Punkt zur Trennung der **record**-Variablen.

Mengen

a) Vereinfachen Sie:

```
var MONATSTAGE: set of 1..31; I: 1..31;
...
  MONATSTAGE := [];
  for I := 1 to 31 do
    MONATSTAGE := MONATSTAGE + [I];
```

b) Standard-Pascal, ebenso wie UCSD-Pascal, kennt keine universelle Fallkonstante bei **case**-Anweisungen. Man kann sie durch die Verwendung einer **if...then...else**-Abfrage nachbilden. Beispiel:

```
if (Z='+')or(Z='-')or(Z='*')or(Z=':')or(Z='/') then
  case Z of
    '+' : .... ;
    '-' : .... ;
    '*' : .... ;
    ':', '/' : ....
  end (* case *)
else .... ;
```

Vereinfachen Sie diese Konstruktion durch Verwenden einer Mengenkonstante!

c) Es seien der folgende Typ und die Variablen vereinbart:

```
type REISEMITTEL = (PKW,BAHN,BUS,FLUG,SCHIFF);
var HINREISE,RUECKREISE: set of REISEMITTEL;
```

Sind dann die folgenden Anweisungen erlaubt?

```
- HINREISE := RUECKREISE;
- writeln(HINREISE);
- HINREISE := RUECKREISE + BUS;
- if RUECKREISE > [SCHIFF] then ...
```

d) Richtig oder falsch?

```
if A not in M then ...
```

Lösungen (Mengen)

a) Die Menge soll alle Zahlen von 1 bis 31 enthalten. Man darf dann die folgende Wertzuweisung vornehmen:

```
MONATSTAGE := [1..31];
```

b)
```
if Z in ['+','-','*',':','/'] then
   case Z of
      .
      .
      .
   end (*case*)
else ....;
```

Beachten Sie, daß Mengenkonstanten verwendet werden dürfen, ohne daß Variable dieses Typs deklariert sein müssen. Parallele: In write-Anweisungen dürfen String-Konstanten auch verwendet werden, wenn keine String-Variablen vereinbart wurden. -
In Turbo-Pascal gibt es das **case ... else**, die gezeigte Konstruktion ist dort nicht erforderlich.

c) - Die Wertzuweisung HINREISE:=RUECKREISE ist erlaubt.
- Die Ausgabenanweisung writeln(HINREISE) ist unzulässig.
- Falsch: Die Erweiterung einer Menge um ein Element ist möglich, jedoch dürfen nur Mengen vereinigt werden. Korrekt ist also HINREISE:=RUECKREISE+[BUS];
- Richtig: Mengen dürfen auf Enthaltensein geprüft werden. Der Test RUECKREISE > [SCHIFF] könnte in diesem Fall auch formuliert werden:

```
(SCHIFF in RUECKREISE) and ([SCHIFF]<>RUECKREISE)
```

d) Falsch, denn **not** negiert ganze logische Ausdrücke, nicht aber den Operator **in**. Richtig ist die folgende Konstruktion:

```
if not (A in M) then ...
```

Man beachte, daß Klammern notwendig sind !

Zahlenmengen

a) Die Elemente einer Menge können nicht direkt ausgegeben werden. Die folgende Hilfskonstruktion soll dies für eine Zahlenmenge leisten.

```
var M : set of 1..2ØØ; I : 1..2ØØ;
...
for I := 1 to 2ØØ do
 if I in M then write(I);
```

Ist dieses Programmfragment befriedigend?

b) Zwei Zahlenmengen sollen verglichen werden. Dazu wird festgelegt, daß die 'Größe' einer Zahlenmenge die Summe aller Elemente ist. Verbessern Sie das folgende Programmfragment:

```
var M1,M2: set of 1..5ØØ; I: 1..5ØØ;
    SUMME: integer;
...
SUMME := Ø;
for I := 1 to 5ØØ do
begin
  if I in M1 then SUMME := SUMME+I;
  if I in M2 then SUMME := SUMME-I
end (* for *);
if SUMME < Ø then writeln('M1 kleiner als M2');
...
```

c) In einem Programm zur Buchhaltung eines Lehrers (Notenbüchlein) tritt die Variablenvereinbarung

```
var PUNKTE: set of Ø..15;
```

auf. Weshalb ist dies vermutlich falsch?

d) X ist eine Integer-Variable. Formulieren Sie kürzer:

```
if (X=17ØØ) or (X=18ØØ) or (X=19ØØ) then ...
```

(Eine solche Abfrage ist z.B. bei Programmen für den Gregorianischen Kalender erforderlich, wenn festgestellt werden muß, ob X ein Schaltjahr ist.)

Lösungen (Zahlenmengen)

a) Das Programmfragment ist bis auf das unzulängliche Ausgabeformat befriedigend. Zur Trennung der ausgeschriebenen Elemente sollte mindestens ein Leerplatz ausgegeben werden. Eine mögliche Lösung ist die Benutzung der Formatierungsanweisung:

```
if I in M then write(I:4);
```

b) Programmierfehler: Der Summenwert kann die maximal zulässige Integer-Zahl übersteigen (maxint). Die Variable SUMME sollte daher als vom Typ real vereinbart werden.

c) In einer Menge kann ein Element nicht mehrfach auftreten. Wenn die Variable PUNKTE die im Verlauf eines Kurses erzielten Punktwerte eines Schülers enthalten soll, so ist dies nur unter der Bedingung sinnvoll, daß sich keine Werte wiederholen. Dies entspricht nicht der Erfahrung.

d) Es bietet sich die Benutzung einer Mengenkonstante an. Dabei muß bedacht werden, daß Zahlenmengen in der Praxis häufig nicht beliebige Werte enthalten dürfen, z.B. nur Werte zwischen Ø und 255 (oder 511).
Der folgende Test ist daher nicht ohne weiteres erlaubt, obwohl er formal korrekt ist:

```
if X in [17ØØ, 18ØØ, 19ØØ] then...
```

Besser ist:

```
if (X div 1ØØ) in [17, 18, 19] then...
```

Beide Konstruktion sind natürlich nur dann zulässig, wenn X eine Integer-Variable ist; sie sind nicht erlaubt, wenn X vom Typ real ist. In diesem Fall müßte der in der Aufgabenstellung formulierte Test beibehalten werden.

6 Fehler und Fehlerquellen

Jede Sprache, eine natürliche wie z.B. das Englische oder eine künstliche wie eine Programmiersprache, birgt eine Anzahl von "naheliegenden" Fehlermöglichkeiten. Das heißt, es gibt auch in Pascal Fehler, die so gut wie jeder Programmautor einmal gemacht hat - mindestens.

Fehler können auf verschiedenen Ebenen auftreten. Gegen einfache Schreibfehler im Quellcode, etwa Buchstabenverdreher, schützt das Pascalsystem recht gut. Weil z.B. alle neu eingeführten Namen deklariert werden müssen, können die meisten Schreibfehler bei der Programmübersetzung erkannt werden. Ebenfalls treten bei der Übersetzung alle Syntaxfehler zutage, wie z.B. ein **begin** ohne **end**, ein Semikolon vor **else** usw., aber auch offensichtliche Verstöße gegen die Semantik, z.B. die Kombination unverträglicher Ausdrücke wie in X:=(A=1)*5 (Verstoß gegen Typzwang, der z.B. in BASIC nicht automatisch entdeckt würde). In manchen Fällen machen sich Fehler in einem Pascalprogramm erst an einer späteren Stelle bemerkbar. Der Übersetzer markiert in einem solchen Fall meist eine korrekte Stelle, und der Programmierer muß selbst die Ursache des Fehlers finden.

Ärgerlicher und möglicherweise folgenreich sind Fehler, die erst während der Laufzeit auftreten und zu einem Programmabbruch führen. Typische Beispiele sind Bereichsüberschreitungen z.B. beim Index eines **arrays**, Über- oder Unterlauf von Real-Variablen, Division durch Ø. Der Unterlauf, d.h. der Versuch, eine Größe mit zu kleinem Absolutwert einer Real-Variablen zuzuweisen, wird übrigens in Turbo-Pascal anders behandelt (Runden auf Ø) als in UCSD-Pascal (Laufzeitfehler). Ein möglicher Test, wie sich ein bestimmtes Pascalsystem bei Unterlauf verhält, ist:

```
program UNTERLAUF;
var I: integer; X: real;
begin
  X:=1;
  for I:=1 to 999 do
  begin X:=X/1Ø; writeln(X) end
end.      (*Ausgabe nicht formatieren!*)
```

Viele Programme enthalten jedoch subtilere Fehler: weder treten Übersetzungszeitfehler noch Laufzeitfehler auf, dennoch führt das Programm zu unsinnigen Resultaten. Meist liegen dem logische Fehler zugrunde, z.B. wenn eine komplexe Fallunterscheidung nicht systematisch durchdacht und umgesetzt wurde oder wenn die Strukturierung des Programmablaufs ungenügend ist. - Hier liegt eine wesentliche Stärke von Pascal: es ist möglich, auch komplexe Vorgänge in kleine Teilabläufe zu zerlegen, die sich leichter überblicken und auf Korrektheit prüfen lassen (Blockstrukturierung, vgl. Kapitel 7).

Ziel des Sprachdesigns war es auch, möglichst viele Fehler, die anderswo zu Laufzeitfehlern oder zu logischen Fehlern führen würden, in Pascal bereits während der Übersetzung zu erkennen. Deshalb ist die Syntax unnachsichtiger, und häufig werden Fehler während der Übersetzung gemeldet, die dem Programmierer als nur geringfügig erscheinen. Das ist die Kehrseite des oben beschriebenen Vorteils. Tatsächlich zeigte eine Auswertung der in der Programmierpraxis gemachten Übersetzungszeitfehler: 20% bestehen darin, daß ein Semikolon fehlt, und weitere 20% sind auf das Fehlen eines anderen Symbols oder Schlüsselwortes wie **end**, **begin** oder **do** (in absteigender Fehlerhäufigkeit) zurückzuführen (Ripley,G.D. / Druseikis,F.C. in: Computer Languages **3** (1978) S. 227 ff).

Neben die Fehlerquellen, die die Sprache Pascal als solche kennzeichnen, treten diejenigen des benutzten Pascalsystems. Eine der wichtigsten betrifft die interne Darstellung von Integer-Zahlen: in Turbo- und in UCSD-Pascal steht dafür ein Wort der Länge 16 bit zur Verfügung. (Ist die Wortlänge 32 bit, dann gilt das folgende Beispiel sinngemäß). Mit 16 bit lassen sich die ganzen Zahlen von Ø bis $2^{16}-1$ oder die Zahlen von -2^{15} bis $+2^{15}-1$ darstellen, letzteres ist der Integer-Bereich von Turbo- und UCSD-Pascal. Führt nun eine Rechnung zu einem größeren Integer-Wert, dann wird der Überlauf nicht gemeldet. Als Nachfolger von $2^{15}-1$ (maxint) wird vielmehr die Zahl -2^{15} angesehen. So ergibt sich z.B. als Wert von 16^4 im folgenden Programm der Wert Ø:

```
program AHA;
  begin
    writeln(sqr(sqr(16)))
  end.
```

Ausgabe: Ø

Häufige Syntaxfehler

Korrigieren Sie die folgenden Ausdrücke:

a) Test, ob X zwischen Ø und 9 liegt:

```
if X<Ø or X>9 then ...
```

b) Eine Schleife von 1Ø hinunter zu 1:

```
for K := 1Ø downto 1
begin
  ...
end;
```

c) Eingabetest (Zeichen in einer gewissen Menge?):

```
var ANTW : char;
...
while ANTW not in ['J', 'N', 'j', 'n'] do
  read(ANTW);
```

d) Eingabetest (Zahl positiv?):

```
repeat
  write('Eingabe ganze Zahl>Ø');
  readln(N);
  if N<= Ø writeln ('Fehler!')
until N>Ø;
```

e) Interpretation eines Textes als positive Integer-Zahl: Eine Zeichenfolge wird nach Ziffern durchsucht, andere Zeichen (z.B. Leerstellen, Kommata, Buchstaben) bleiben unberücksichtigt.
Beispiele: Aus ' 1.295,-' und 'ØØØØ1295' soll jeweils der Integer-Wert 1295 werden. Korrigieren Sie:

```
var I: packed array [1..8] of char;
    WERT: integer; L: 1..8;
...
WERT := Ø;
for L := 1 to 8 do
  if I[L] in [Ø..9] then
    WERT := WERT*1Ø + ord(I[L]) - ord('Ø');
```

Lösungen (Häufige Syntaxfehler)

a) Da der logische Operator **or** stärker bindet als Vergleichsoperatoren, müssen Klammern um die logischen Aussagen gesetzt werden. Richtig ist:

```
if (X<Ø) or (X>9) then ...
```

b) Das Schlüsselwort **do** fehlt. Richtig ist:

```
for K := 1Ø downto 1 do
begin
  ...
end;
```

c) Die Verneinung **not** muß jeweils vor einer vollständigen Aussage stehen. Richtig ist also:

```
while not (ANTW in ['J', 'N', 'j', 'n']) do
  read(ANTW);
```

d) Das Schlüsselwort **then** fehlt. Richtig ist:

```
repeat
  write('Eingabe ganze Zahl>Ø');
  readln(N);
  if N<=Ø then writeln ('Fehler!')
until N>Ø
```

e) I[L] ist vom Typ char. Es muß also richtig heißen:

```
if I[L] in ['Ø' .. '9'] then ...
```

Hinweis: Als Datentyp für Texte wurde hier **packed array** [1..8] **of** char verwendet, der auch in Standard-Pascal verfügbar ist. Bequemer ist der ähnliche Datentyp string[8], der von vielen Pascal-Versionen geboten wird (etwa UCSD und Turbo), der jedoch nicht zum Standard gehört. Während einer Variablen vom ersten Typ genau 8 Zeichen zugewiesen werden müssen, darf einer Stringvariablen auch eine kürzere Kette zugewiesen werden. In diesem Fall darf die obere Schleifengrenze nicht fest vorgegeben werden.

Einfache Programmierfehler

Der Programmierer kann drei Arten von Fehlern begehen:

1. **Syntaxfehler.** Dies sind Verstöße gegen die formalen Regeln der Sprache. Sie werden während der Übersetzung vom Computersystem erkannt und gemeldet.
2. **Logische Fehler, die zu einem Laufzeitfehler führen.** Dies sind grobe Verstöße gegen die beabsichtigte Wirkung eines Programms. Der Programmlauf wird abgebrochen.
3. **Logische Fehler, die nicht zu einem Programmabbruch führen.** Dies sind versteckte Verstöße gegen die beabsichtigte Wirkung eines Programms. Das Programm läuft scheinbar zufriedenstellend, die Resultate sind jedoch u.U. falsch.

Die folgenden drei Programmstücke enthalten jeweils mindestens einen Fehler. Finden Sie die Fehler und ordnen Sie sie den genannten Fehlerklassen zu.

a)
```
program SEKUNDEN;
var SEC: integer;
begin
  SEC := 6Ø*6Ø*24;
  writeln('Ein Tag hat ',SEC,' Sekunden.')
end.
```

b)
```
program TABELLE;
var W: integer;
begin
  for W := 1 to W := 2Ø do
  writeln(W:1Ø, W*W:1Ø)
end.
```

c)
```
var X,X1,X2: real;
...
X := X1;
repeat
  writeln(X:12:3, 1/X:12:3);
  X := X+Ø.1
until X := X2;
```

Lösungen (Einfache Programmierfehler)

a) Logischer Fehler:
Bei einer Wortbreite von 16 bit, d.h. maxint=2^{15}-1, erfolgt bei der Berechnung des Produkts 6Ø*6Øx24 ein Überlauf. Dieser bleibt sogar auf den allerersten Blick unentdeckt, weil eine positive Zahl ausgegeben wird. Das Resultat des Programms in UCSD- oder Turbo-Pascal ist:
Ein Tag hat 2Ø864 Sekunden.
(Der richtige Wert ist 86400.)

b) Syntaxfehler:
Die Schleifenanweisung muß lauten:
for W := 1 **to** 2Ø **do** ...

c) Das Programmfragment enthält einen Syntaxfehler und zwei Quellen logischer Fehler, die einen Programmabbruch nach sich ziehen können.

Zum einen wird in der Schleife der Wert 1/X berechnet, der zu einem Überlauf oder zu einer Division durch Null führen kann. Zum anderen wird als Abbruchkriterium ein Test zweier Real-Zahlen auf Gleichheit verwandt. Wegen der zu erwartenden Rundungsfehler sollte dieser durch einen Test auf Ungleichheit ersetzt werden.
Beim Test auf Gleichheit findet sich im gegebenen Programmfragment der Syntaxfehler. Der Vergleichsoperator ist das einfache Gleichheitszeichen = und nicht der Wertzuweisungsoperator :=.
Verbesserte Fassung:

```
...
X:=X1;
  repeat
    if abs(X)>1E-38 then
      writeln(X:12:3, 1/X:12:3);
    X:=X+Ø.1
  until X>=X2;
```

Das Semikolon

Das Semikolon dient als Trennungszeichen zwischen aufeinanderfolgenden Anweisungen bzw. Vereinbarungen. Deshalb ist es z.B. vor einem **end** nicht erforderlich. Insbesondere ist es nicht nötig und manchmal sogar ein Fehler, jede Programmzeile damit abzuschließen.

a) An welchen Stellen in einem Pascal-Programm darf kein Semikolon stehen?

b) Wie oft wird im folgenden Programmstück der Text ausgeschrieben?

```
for I:=1 to 2Ø do;
writeln('Pascal ist tricky': 17+I);
```

c) Was geschieht bei der Eingabe von 5 für A ?

```
readln(A);
if A<Ø then;
begin
  A := -A;
  writeln('A= ',A);
end (* if *);
```

d) Die folgende **case**-Verzweigung ist nicht zulässig:

```
var A: Ø..9;
...
case A of
  5,6: writeln('Zahl richtig')
  Ø,1,2,3,4: writeln('Zahl zu klein')
  7,8,9: writeln('Zahl zu groß')
end (* case *);
```

Welches ist der Fehler?

Zu viele Marken an den Verzweigungspunkten ☐
Fehlende **begin-end**-Klammern ☐
Es fehlen zwei Semikola ☐
Es fehlen drei Semikola ☐

Lösungen (Das Semikolon)

a) Vor dem **else** in einer **if..then...else** - Konstruktion darf kein Semikolon auftreten. Ebenso sollte vor dem abschließenden **end** in einer **case**-Anweisung kein Semikolon auftreten, genau das Gleiche gilt für den Variantenteil eines Verbundes. Die gängigen Compiler sind bei **case...end** jedoch flexibel.

b) Die **for**-Schleife wird auf die leere Anweisung angewandt, danach wird die Ausgabeanweisung einmal ausgeführt. Streng genommen ist der Wert von I nach Beendigung der Schleife undefiniert, in der Praxis hat er jedoch einen definierten Wert, z.B. 21.

Der Fehler besteht darin, die erste Zeile mit einem Semikolon abzuschließen, denn die Schleifenanweisung sollte ja gerade nicht vom Schleifenkörper getrennt werden.

c) Hier liegt ein ähnlicher Fehler wie in b) vor. Die **if**-Klausel wird auf die leere Anweisung angewandt, bleibt also völlig wirkungslos. Die daran anschließende Anweisungsfolge wird in jedem Fall ausgeführt, speziell wird nach Eingabe von 5 für A ausgegeben:

A = -5.

Die **begin...end** - Klammern sind wirkungslos, sie schaden aber auch nicht.

d) Es fehlen zwei Semikola, nämlich in den beiden oberen Verzweigungen der **case**-Auswahl.

Versteckte Programmierfehler

Versteckte Programmierfehler führen weder bei der Übersetzung noch bei der Programmausführung zu einem Abbruch. Auch die angezeigten Resultate sind nicht immer sofort als falsch erkennbar.

Finden Sie in den folgenden Programmteilen die versteckten Programmierfehler:

a)

```
program QUADRATSUMME; (* berechnet Summe *)
                      (* von Quadratzahlen *)
var K,SUMME : integer;
begin
  readln(K); SUMME := K*K;
  while K >Ø do
    K := K-1;
    SUMME := SUMME+K*K;
  writeln(SUMME)
end.
```

b)

```
program MWST; (* berechnet MWST (voller Satz) *)
const SATZ = 14;
var WERT : real;
begin
  readln(WERT); writeln('MWST = ',WERT*SATZ:1ØØ)
end.
```

c)

```
program TABELLE;
var X : real;
begin
  X := Ø;
  while X<1 do
  begin
    X := X+Ø.1;
    write(X:5:1)
  end (* while *)
end.
```

Lösungen (Versteckte Programmierfehler)

a) Nach Eingabe von K = 1Ø wird ausgegeben 1ØØ; nach Eingabe von K = 15 wird ausgegeben 225.
Hier funktioniert die **while**-Schleife nicht wie gewünscht, weil die **begin...end** - Klammer um den Schleifenkörper vergessen wurde.
Eine weitere Fehlerquelle ist die Verwendung des Typs Integer für die Variable SUMME. Besser wäre im Hinblick auf möglichen Überlauf die Verwendung des Typs real.

b) In der Ausgabeanweisung wurde statt des Divisionszeichens / das aus der Mathematik bekannte Zeichen : verwendet. Es wird hier als Formatierungsbefehl interpretiert, allerdings als ein ungewöhnlicher, denn üblicherweise zeigen die Bildsichtgeräte von PCs 80 Zeichen pro Zeile.
Ausgegeben wird also jeweils die Größe WERT*14 und nicht WERT*Ø.14.

c) Erwartet wird die folgende Ausgabe:
Ø.1 Ø.2 Ø.3 Ø.4 Ø.5 Ø.6 Ø.7 Ø.8 Ø.9 1.Ø
Tatsächlich wird aber ausgegeben:
Ø.1 Ø.2 Ø.3 Ø.4 Ø.5 Ø.6 Ø.7 Ø.8 Ø.9 1.Ø 1.1
(Ergebnis unter Turbo-Pascal auf IBM-PC und auf Apple II; der Fehler tritt nicht auf unter UCSD-**Pascal**.)

Wo liegt hier der Fehler? Der Test **while** X < 1 ist in diesem Fall tatsächlich ein Test auf Gleichheit X=1. Nachdem X bereits den Wert 1 erreicht hat, wird intern X=1 noch als false angesehen, d.h. X<1 ist noch true.

7 Unterprogramme

Unterprogramme werden aus zwei Gründen verwendet. Zum einen können damit Programmteile, die mehrfach auszuführen sind (aber eventuell jeweils verschiedene Ausgangsdaten erfordern), vorab definiert und bei Bedarf aufgerufen werden. Hier dienen Unterprogramme der Ökonomie beim Programmieren. Zum anderen werden Unterprogramme dazu benutzt, das gesamte Programm zu gliedern (strukturieren), indem verschiedene Funktionsteile klar voneinander getrennt werden. Dabei kommt es nicht in erster Linie auf Sparsamkeit an, sondern auf die Transparenz des Quellcodes.

In Pascal werden zwei Arten von Unterprogrammen unterschieden: Prozeduren und Funktionen. Funktionen dienen im weitesten Sinne zur Berechnung von Werten. Prozeduren werden aufgerufen, indem ihr Name (gefolgt von einer Parameterliste, sofern erforderlich) als Anweisung erscheint. Funktionsaufrufe hingegen sind Teil von Anweisungen, z.B. Wertzuweisungen oder Ausgabeanweisungen.

Pascal bietet eine Reihe vordefinierter Prozeduren und Funktionen; die grundlegendsten sind die Ein- und Ausgabeprozeduren read/readln und write/writeln, dann weitere Prozeduren zur Dateibearbeitung, schließlich die arithmetischen Funktionen und die Umwandlungsfunktionen. Daneben kann der Programmautor eigene Unterprogramme definieren, dies geschieht im Vereinbarungsteil des betreffenden Programmblocks.

Das wichtige Thema der Blockstrukturierung von Programmen und der Sichtbarkeit von Vereinbarungen (z.B. Variable, Unterprogramme) kann hier nicht ausführlich behandelt werden, dazu sei auf Lehrbücher verwiesen, etwa [19, Kap.10]. Besonders wichtig ist, daß innerhalb von Unterprogrammen ("lokale") Variable vereinbart werden dürfen, die dann außerhalb des Unterprogramms unbekannt sind. Andererseits sind alle Vereinbarungen, die in Blöcken gemacht wurden, die das betreffende Unterprogramm umschließen, auch im Unterprogramm bekannt. Dies trifft insbesondere auf die Variablen des Hauptprogramms zu ("globale Variable") .

Betrachten wir ein Beispiel:

```
program GLOBAL;
var X : integer;

  procedure UP;
  var Y : integer
  begin (* Unterprogramm *)
  ...
  end;

begin (* Hauptprogramm *)
...
end.
```

Im Unterprogramm UP sind beide Variable X und Y bekannt, im Hauptprogramm nur X. Wird im Unterprogramm der Wert der globalen Variablen X aktiv geändert (z.B. durch eine Wertzuweisung), dann spricht man von einem Nebeneffekt des Unterprogramms. Solche Effekte sind oft schwer zu überblicken und fehlerträchtig; sie sind deshalb unerwünscht.

Unterprogramme sollen globale Variable nur in genau geregelter Weise verändern. Dazu wird festgelegt, welche Variable an das Unterprogramm übergeben werden (Variablenparameter, Übergabe "by variable") und welche Werte (Wertparameter, Übergabeart "by value") übergeben werden. Bei der Vereinbarung kann zu diesem Zweck an das Unterprogramm eine sog. Formalparameterliste angefügt werden (vgl. S. 21); Variablenparameter sind durch das Schlüsselwort **var** gekennzeichnet. Beim Aufruf des Unterprogramms muß eine passende sog. Aktualparameterliste angegeben werden. Dort muß für Variablenparameter tatsächlich eine Variable angeführt werden, während für Wertparameter beliebige Ausdrücke auftreten können, die den erforderlichen Typ haben.

Beispiel einer Prozedur-Vereinbarung mit Parameterliste:

```
procedure P(A:real; var B:integer);
```

Der Parameter A wird als Wert (also "by value") übergeben, der Parameter B als Variable (also "by variable").

Erlaubte Aufrufe der Prozedur P sind z.B.:

```
P(2*abs(R/T),I);
P(5,I);
```

Dabei sind R und T Real-Variable, und I ist eine Integer-Variable. Wir sehen: für Werteparameter dürfen im Aufruf (d.h. in der Aktualparameterliste) Ausdrücke stehen, für Variablenparameter aber nur Variable. Der Ausdruck 2*abs(R/T) enthält selbst einen Funktionsaufruf, d.h. Unterprogrammaufrufe können geschachtelt werden. Im Anweisungsteil eines Unterprogramms dürfen Unterprogrammaufrufe stehen, sofern die betreffenden Unterprogramme dort bekannt sind.

Anmerkung: Vorsicht in Turbo-Pascal bei write und writeln! Wenn eine Funktion eine der Prozeduren read, readln, write oder writeln benutzt, dann darf diese Funktion nicht als Parameter in einem Aufruf der Prozeduren write oder writeln auftreten!)

Ein wichtiger Fall ist der Aufruf von Unterprogrammen durch sich selbst, man spricht dann von Rekursion. Das folgende Funktionsunterprogramm zur Berechnung des Produktes 1*2*3*...*N (= N-Fakultät) ist ein häufig zitiertes Beispiel:

```
function F(N:integer):integer;
begin
   if N=Ø then F:=1
   else F:=N*F(N-1)
end;
```

Wir betrachten zur Erläuterung einen konkreten Fall: Zur Berechnung von F(3) wird zunächst F(2) benötigt; wir wissen: F(3):=3*F(2). Zur Berechnung von F(2) ist F(1) zu berechnen: F(2):=2*F(1). F(1) ergibt sich als 1*F(Ø), und F(Ø) schließlich hat den Wert 1. Damit erhalten wir als Resultat von F(3) nach viermaligem Aufruf der Funktion F:

```
F(3):=3*2*1*1
```

Dieses sehr einfache Beispiel einer rekursiven Konstruktion (es handelt sich hier um sog. Schwanzrekursion) soll kein Vorbild für ähnliche Unterprogramme sein, sondern das Prinzip verdeutlichen. Rekursion ist vorwiegend dort sinnvoll und z.T. auch nur schwer entbehrlich, wo dynamische Datenstrukturen verwendet werden (vgl. Kap. 9), die rekursiv definiert sind. Im Beispiel ist die Rekursion allerdings mehr als entbehrlich - sie macht die Funktionsweise der Programme in unnötiger Manier undurchschaubar, und sie führt zu ineffektivem Laufzeitverhalten (s. Kap. 10). Ein sinnvolles Beispiel für Rekursion (Quicksort) wird in [32, PASCAL für Anfänger, S.147 ff] vorgestellt.
Nebenbei sei angemerkt, daß Rekursion nicht nur in so direkter Weise wie im obigen Beispiel angewendet wird, sondern auch indirekt. Zum

Beispiel kann UP1 ein UP2 aufrufen, das wiederum UP1 aufruft etc.

Offensichtlich muß aber in jedem Fall rekursiver Unterprogramme, ähnlich wie bei Schleifen, für ein schließliches Abbrechen der rekursiven Programmaufrufe gesorgt werden. (Dieses Abbruchkriterium ist im obigen Beispiel N=Ø. Es ist unzulänglich, weil es in dem Fall, daß ein negatives N übergeben wird, nicht greift.)

In einigen der folgenden Aufgaben werden rekursive und iterative Formulierungen zur Lösung ein und desselben Problems gegenübergestellt. Weitere Beispiele dazu finden sich z.B. in: D.W.Barron: Rekursive Techniken in der Programmierung, München (Hanser) 1971. (Zur Darstellung von Algorithmen wird dort die Programmiersprache Algol benutzt, die viele Ähnlichkeiten mit Pascal aufweist.)

Ein wichtiges Beispiel für den Wert rekursiver Programmierung ist die Analyse z.B. algebraischer Terme. Ein konkreter Fall wird dargestellt in: W.J.Weber: Baumstruktur von Rechenausdrücken; in: H.Schumny (Hrsg.): PC-Praxis. Braunschweig (Vieweg) 1986.

Grundlagen I (Unterprogramme)

Beurteilen Sie die folgenden Aussagen und kreuzen Sie an, ob sie richtig oder falsch sind:

	Ja	Nein
a) Es gibt zwei Arten von Unterprogrammen: Prozeduren und Funktionen.	☐	☐
b) Funktionen dienen nur zur Berechnung von Zahlenwerten.	☐	☐
c) Mit Prozeduren können keine Werte an das rufende Programm zurückgegeben werden.	☐	☐
d) Wenn ein Unterprogramm sich selbst aufruft, dann spricht man von Rekursion. Pascal erlaubt Rekursion.	☐	☐
e) Der Begriff Rekursion bedeutet dasselbe wie Iteration.	☐	☐
f) In Pascal ist ein Sprung mittels **goto** aus einem Unterprogramm heraus verboten.	☐	☐
g) Die Variablen innerhalb eines Unterprogramms heißen lokale Variable.	☐	☐
h) Lokale Variable sollen nicht denselben Namen wie globale Variable tragen.	☐	☐

Lösungen (Grundlagen I Unterprogramme)

		Ja	Nein
a)	Zwei Arten von Unterprogrammen: Prozeduren und Funktionen.	[x]	[ ]
b)	Funktionen nur für Zahlenwerte?	[ ]	[x]

Mit Funktionen kann jeder einfache Datentyp berechnet werden, z.B. auch Zeichen oder Boolesche Werte.

		Ja	Nein
c)	Mit Prozeduren können keine Werte an das rufende Programm zurückgegeben werden?	[ ]	[x]

Doch: Wenn Variablenparameter benutzt werden, dann wird die übergebene Variable mit dem durch das Unterprogramm eventuell veränderten Wert zurückgegeben.

		Ja	Nein
d)	Rekursion: Unterprogramm ruft sich selbst auf. Pascal erlaubt Rekursion.	[x]	[ ]

Ja, dies ist eine der wesentlichen Stärken von Pascal. Neben der direkten Rekursion gibt es auch die Möglichkeit der indirekten Rekursion. Das bedeutet, daß ein Programm sich nicht unmittelbar selbst wieder aufruft, sondern mittelbar, etwa nachdem zunächst ein zweites aufgerufen wird, das dann das erste ruft.

		Ja	Nein
e)	Rekursion = Iteration?	[ ]	[x]

Iteration bedeutet wiederholtes Ausführen desselben Programmteils, also eine Schleife. - Allerdings sagt ein Ergebnis der theoretischen Informatik, daß jedes rekursive Programm in ein gleichwertiges iteratives nicht-rekursives Programm übersetzt werden kann.
Es ist ein Mißbrauch, Rekursion an solchen Stellen zu verwenden, an denen eine solche Übersetzung unmittelbar naheliegt.

		Ja	Nein
f)	Sprung mit **goto** aus Unterprogramm verboten?	[ ]	[x]

Der Standard verfügt eine solche Einschränkung nicht, sie gilt jedoch in Turbo- und in UCSD-Pascal. Dort gibt es zum Verlassen eines Unterprogramms die Anweisung exit, die wiederum nicht zum Standard gehört.

		Ja	Nein
g)	Die Variablen innerhalb eines Unterprogramms heißen lokale Variable.	[x]	[ ]
h)	Lokale Variable sollen nicht denselben Namen wie globale Variable tragen.	[ ]	[x]

Die Entscheidung bleibt ganz dem persönlichen Stil des Programmautors überlassen. So kann es z.B. sinnvoll erscheinen, Kontrollvariable verschiedener Schleifen immer mit demselben Namen zu versehen.

Grundlagen II (Unterprogramme)

a) Pascal bietet mehrere eingebaute Unterprogramme, sowohl Funktionen als auch Prozeduren. Geben Sie für die folgenden Unterprogramme an, um welche Art es sich handelt:

	Prozedur	Funktion	Ergebnistyp (der Funktion)
odd	☐	☐	....
round	☐	☐	....
readln	☐	☐	....
eof	☐	☐	....
new	☐	☐	....
abs	☐	☐	....

b) Durch welche Kennzeichen unterscheidet sich die Prozedur read (bzw. readln) von solchen Prozeduren, die der Programmierer selbst definieren kann?

c) Vom Programmierer selbst definierte Funktionen müssen einen festgelegten Ergebnistyp haben, z.B. real, integer, Boolean oder char.

Gibt es eingebaute Funktionen, deren Ergebnistyp nicht strikt festgelegt ist, sondern abhängig ist vom Argumenttyp?

d) Welche Typen kommen als Ergebnis einer vom Benutzer definierten Funktion außer real, integer, Boolean und char noch in Frage?

Lösungen (Grundlagen II Unterprogramme)

a)

	Prozedur	Funktion	Ergebnistyp (der Funktion)
odd	☐	☒	Boolean
round	☐	☒	integer
readln	☒	☐	-
eof	☐	☒	Boolean
new	☒	☐	-
abs	☐	☒	real / integer

b) Die Prozeduren read und readln unterscheiden sich in drei Punkten von anderen Prozeduren:

1 Der Typ der Argumente ist nicht festgelegt, d.h. dieselbe Prozedur dient zum Einlesen von Real- und Integer-Zahlen, von Zeichen und von Texten, usw.

2 Die Anzahl der Argumente ist offen, es können beliebig viele Daten mit einem Prozeduraufruf eingelesen werden.

3 Das erste Argument von read und readln ist eine Dateivariable. Es darf aber im Aufruf fehlen, dann wird die Prozedur auf die vordefinierte Datei input angewandt (default-Argument).

c) Funktionen, deren Ergebnistyp vom Argumenttyp abhängen:

abs = Absolutbetrag des Real- oder Integer-Arguments,
sqr = Quadrat des Real- oder Integer-Arguments,
ord = Ordnungszahl in einem Ordinaltyp (integer, Boolean, char, Aufzählungen und Unterbereiche),
succ bzw. pred = Nachfolger bzw. Vorgänger eines Ausdrucks vom Ordinaltyp

d) Der Ergebnistyp einer Funktion muß ein einfacher Datentyp oder ein Zeigertyp sein. Einfache Datentypen sind neben real, integer, Boolean und char noch die Aufzählungs- und Teilbereichstypen.

Übergabe von Variablen und Ergebnissen

a) Wieso funktioniert das folgende Unterprogramm zum Vertauschen zweier Char-Variabler nicht?

```
procedure TAUSCHE(ZEICHEN1,ZEICHEN2:char);
var HILF:char
begin
  HILF := ZEICHEN1;
  ZEICHEN1 := ZEICHEN2;
  ZEICHEN2 := HILF
end (* TAUSCHE *);
```

b) An ein Unterprogramm soll eine 3x3 Matrix übergeben werden, d.h. ein Feld von 3x3 Zahlen. (Beispiel: eine Funktion zur Berechnung der Determinante von 3x3 Matrizen).
Die folgende Vereinbarung liefert einen Syntaxfehler. Korrigieren Sie ihn!

```
function DET(A:array [1..3,1..3] of real):real;
```

c) Funktionswerte müssen von einfachem Typ sein, d.h. das Ergebnis einer Funktion muß z.B. eine Zahl, ein Zeichen etc. sein. Es ist also nicht möglich, als Funktionswert ein Zahlenpaar zurückzugeben.
Welchen Ausweg sehen Sie, wenn z.B. in einem Unterprogramm das Produkt zweier komplexer Zahlen berechnet werden soll?
(Man muß hier von einem echten Mangel der Sprachdefinition sprechen: alle möglichen Auswege haben nur den Charakter von Notlösungen.)

Lösungen (Übergabe von Variablen und Ergebnissen)

a) ZEICHEN1 und ZEICHEN2 werden "by value" übergeben, die Veränderung der Werte ist außerhalb des Unterprogramms unsichtbar. Erforderlich ist die Übergabe "by variable"; der Prozedurkopf muß lauten:

```
procedure TAUSCHE(var ZEICHEN1,ZEICHEN2:char);
```

b) In einer Formalparameterliste dürfen nur Typnamen auftreten, keine expliziten Typvereinbarungen (vgl. Syntaxdiagramm auf S. 21). Daher muß zuvor ein besonderer Typname für den betreffenden Datentyp deklariert werden, etwa wie folgt:

```
type DREIERMATRIX = array [1..3,1..3] of real;
```

Die Funktionsvereinbarung beginnt dann mit

```
function DET(A:DREIERMATRIX):real;
```

c) Achtung Falle in der Aufgabenstellung: Funktionswerte müssen von einfachem Typ oder vom Typ Zeiger (vgl. Kap. 9) sein. Mögliche Lösung der gestellten Aufgabe:

```
type KOMPLEXEZAHL = record
                      RE,IM:real
                    end;
     KOMPLEXWERT = ↑KOMPLEXEZAHL; (*Zeigertyp*)
...
function PRODUKT(Z1,Z2:KOMPLEXEZAHL):KOMPLEXWERT;
var ERGEBNIS:KOMPLEXWERT;
begin
  new(ERGEBNIS);
  ERGEBNIS↑.RE:=Z1.RE*Z2.RE-Z1.IM*Z2.IM;
  ERGEBNIS↑.IM:=Z1.RE*Z2.IM+Z1.IM*Z2.RE;
  PRODUKT:=ERGEBNIS
end;
```

Im rufenden Programm kann ein Funktionswert einem Zeiger des Typs KOMPLEXWERT zugewiesen werden. - Eine weitere Möglichkeit zur Behandlung der gestellten Aufgabe ist das Benutzen einer Prozedur, bei der das Rechenergebnis mittels Variablenparameter übergeben wird. - Schließlich bleibt auch die wenig befriedigende Möglichkeit, eine globale Variable zu benutzen.

Parameter

a) Unter welchen Umständen darf eine Konstante als Parameter an ein Unterprogramm übergeben werden?

b) Ist folgendes Vorgehen syntaktisch korrekt? Begründen Sie Ihre Antwort!

```
var A: integer;
...
procedure EINS(X:real);
var A: integer;
...
begin (* Hauptprogramm *);
  EINS(A);
  ...
end.
```

c) "Die Aktualparameterliste einer Prozedur oder Funktion muß in Anzahl und jeweiligem Typ mit der Formalparameterliste übereinstimmen."
Diskutieren Sie diese Aussage im Hinblick
- auf Verträglichkeit von Integer-Ausdrücken mit Real-Variablen,
- auf Verträglichkeit verschiedener Unterbereiche ein und desselben Wirtstyps.

d) Gegeben ist folgende, nicht zur Nachahmung empfohlene, Prozedur:

```
var A:real;
...
procedure NEBENEFFEKT(var X:real);
begin
  A:=22/7;
  writeln(X:5:2)
end;
...
```

Welche Ausgabe hat der folgende Aufruf zur Folge?

```
A:=1; NEBENEFFEKT(A);
```

Lösungen (Parameter)

a) Eine Konstante darf an allen Stellen verwandt werden, an denen Übergabe by-value erfolgt.

b)
```
var A: integer;
...
procedure EINS(X:real);          (* Real-Argument *)
var A: integer;              (* Lokale Variable, die *)
...                         (* die globale V. verdrängt *)
begin (* Hauptprogramm *);
  EINS(A);                      (* Integer-Argument *)
  ...
```

Das gezeigte Vorgehen ist in der Praxis korrekt, jedoch bedürfen zwei Punkte der Erläuterung:

1. Eine lokale Variable darf einen Namen tragen, der außerhalb schon vergeben wurde. Die globale Variable A ist im Unterprogramm verdrängt, dort also nicht mehr bekannt.
2. A ist vom Typ integer, vereinbart wurde für den Prozeduraufruf ein Argument vom Typ real. Integer-Ausdrücke sind aber zuweisungsverträglich zu Real-Variablen, daher darf A Aktualparameter für den Formalparameter von Typ real sein.

c) Aktual- und Formalparameterliste müssen immer bezüglich der Argumentezahl übereinstimmen. Bezüglich der Datentypen muß Zuweisungsverträglichkeit gegeben sein. Ein Aktualparameter vom Typ integer darf an allen Stellen benutzt werden, die einen Real-Parameter fordern. An der Stelle eines Ordinaltyps T darf als Aktualparameter auch ein Unterbereich von T benutzt werden oder ein anderer Ordinaltyp S, wenn S und T einen gemeinsamen Wirtstyp haben.

d) Ausgabe: 3.14 (in UCSD- und Turbo-Pascal)
Die Norm äußert sich zu dem hier beschriebenen Fall nicht eindeutig.

Selbstdefinierte Prozeduren

Gegeben ist die folgende Prozedur zum Ausschreiben einer Folge von N Sternen. Wenn N kleiner als 1 ist, wird kein Zeichen geschrieben.

```
procedure SCHREIBESTERNE(N:integer);
begin
  N := round(N);
  if N >Ø  then
    repeat
      write('*');
      N := N - 1
    until N = Ø
end;
```

a) Geben Sie eine bessere Schleifenkonstruktion an.

Stimmen Sie folgenden Aussagen zu?

b) Der Name der Prozedur ist zu lang.

c) Die Anweisung N := round(N) ist wichtig. Wenn versehentlich beim Prozeduraufruf für N eine Real-Zahl übergeben wird, dann muß gerundet werden, weil sonst die Schleife nicht terminiert.

d) Der übergebene Wert N darf im Unterprogramm nicht verändert werden. Statt dessen muß mit einer Hilfsvariablen gearbeitet werden, z.B. wie folgt:

```
procedure SCHREIBESTERNE(N:integer);
var M:integer;
begin
  M:=round(N);
  ...
  M := M - 1
  ...
```

e) Wenn vom aufrufenden Programm die Variable K übergeben wird, so hat K nach der Abarbeitung der Prozedur den Wert Ø.

f) Die Anweisungsfolge hinter **then** muß in eine **begin**-**end**-Klammer gesetzt werden.

Lösungen (Selbstdefinierte Prozeduren)

a) Die Verwendung einer **while**-Schleife ist angemessener, weil dabei die Fallunterscheidung überflüssig wird.

```
procedure SCHREIBESTERNE(N:integer);
begin
  while N > Ø do
  begin
    write('*');
    N := N - 1
  end (* while *)
end;
```

b) Die Länge des Namens ist, unter syntaktischem Gesichtspunkt, kein Fehler.
Manche Compiler beachten jedoch nur die ersten acht alphanumerischen Zeichen eines Namens. In diesem Fall hieße die Prozedur 'SCHREIBE'. Wenn z.B. eine weitere Prozedur 'SCHREIBEPUNKTE' definiert werden sollte, würde die zweite Vereinbarung des Namens 'SCHREIBE' als ein Fehler gewertet.

c) Die Anweisung N:=round(N) ist völlig überflüssig. Für N darf nie eine Real-Zahl übergeben werden. Richtig ist allerdings, daß die Schleife mit dieser Abbruchbedingung meist nicht enden würde, sofern N als Real-Zahl vereinbart wäre.

d) Der übergebene Wert N darf im Unterprogramm wie eine lokale Variable behandelt werden. Die Benutzung einer Hilfsvariablen ist nicht erforderlich.

e) Nein. Es handelt sich hier um eine Übergabe 'by-value'. Der Wert einer übergebenen Variablen wird also durch das Unterprogramm, von außen gesehen, nicht verändert.

f) Nein. Eine **begin-end**-Klammer ist hinter **then** hier nicht erforderlich, weil nur eine (strukturierte) Anweisung folgt.

Selbstdefinierte Funktionen

a) Nehmen Sie Stellung zu der folgenden Unterprogrammdefinition:

```
function MAX(X,Y,Z:integer):integer;
begin
  MAX := X;
  if MAX < Y then MAX := Y;
  if MAX < Z then MAX := Z
end;
```

b) Welche der folgenden Anweisungen zeigen gültige Aufrufe der Funktion MAX?

```
var A,B,C,D,E,F,G : integer;
...
writeln(MAX(1,2,3));
A := MAX(MAX(A,B,C),B*2,D) - MAX(E,F,G);
if MAX(A/2,B/2,C) < 1Ø then A := B*C;
```

c) Die folgende Funktion wandelt Kleinbuchstaben in Großbuchstaben um:

```
function MAJUSKEL(B:char):char;
begin
  MAJUSKEL := chr(ord(B) - ord('a') + ord('A'))
end;
```

Was ist an dieser Definition unbefriedigend? Verbessern Sie!

(Hinweis: In Turbo-Pascal ist bereits eine Funktion upcase vordefiniert, die die hier angestrebte Wirkung hat. Erscheint Ihnen daher die gestellte Frage als irrelevant, dann definieren Sie eine Funktion MINUSKEL - die Funktion lowcase gibt es in Turbo-Pascal nicht.)

Lösungen (Selbstdefinierte Funktionen)

a) Im Anweisungsteil der Funktion wird zweimal ein Syntaxfehler begangen. Die Aussage MAX < Y enthält den Funktionsnamen und wird daher als Aufruf der Funktion interpretiert. Diese benötigt aber Argumente, deshalb wird zur Übersetzungszeit ein Fehler gemeldet.
Korrekt wäre es, mit einer Hilfsvariablen zu arbeiten:

```
function MAX(X,Y,Z:integer);
var MAXI:integer;
begin
  MAXI:=X;
  if MAXI<Y then MAXI:=Y;
  if MAXI<Z then MAXI:=Z;
  MAX:=MAXI
end;
```

b) - Das Ergebnis der Funktion MAX ist vom Typ integer, daher kann es mit writeln ausgegeben werden. Der Aufruf writeln (MAX(1,2,3)) ist zulässig.
- Die Wertzuweisung

  ```
  A:=MAX(MAX(A,B,C),B*2,D)-MAX(E,F,G);
  ```

  ist erlaubt; die Funktion wird dreimal aufgerufen.
- Der Aufruf MAX(A/2,B/2,C) ist nicht erlaubt, weil die Argumente A/2 und B/2 vom Typ real sind.

c) Die Funktion verändert außer den Kleinbuchstaben auch andere Zeichen. Es empfiehlt sich daher eingangs ein Test, ob B ein Kleinbuchstabe ist:

```
if B in ['a'..'z','ä','ö','ü'] then
  MAJUSKEL:=chr(ord(B)-ord('a')+ord('A'))
else MAJUSKEL:=B
```

Beachten Sie: Die Funktionsdefinition nimmt keinen Bezug auf einen speziellen Zeichencode (z.B. ASCII), sie setzt allerdings einen festen Abstand zwischen Groß- und Kleinbuchstaben voraus.

Bereichsregeln für Variable (scope)

Das folgende Programm ist zu diskutieren:

```
program STATISCH;
var X : integer;

  procedure AUSGABE;
  begin
    write(X)
  end;

  procedure HILF;
  var X : integer;
  begin
    X := Ø; AUSGABE
  end;

begin  (* Hauptprogramm *)
  X := 1; HILF
end.
```

a) Welche Ausgabe ist zu beobachten?

b) Welche Ausgabe ergäbe sich, wenn die Prozedur AUSGABE nur lokal innerhalb von HILF definiert wäre?

c) Streicht man in der Definition von HILF die Variablenvereinbarung, dann wird dort der Wert einer globalen Variablen verändert. Wie nennt man einen solchen Vorgang?
Welche Ausgabe ergibt sich in diesem Fall?

d) Erlaubt oder verboten?

```
program GIBTSDAS;
const KLEIN=5;
...
procedure UP;
type AUSSCHNITT=Ø..KLEIN;
var KLEIN:AUSSCHNITT;
...
```

Lösungen (Bereichsregeln für Variable)

Zum besseren Verständnis der Fragestellung seien einige Bemerkungen vorangestellt.

Die beiden Unterprogramme AUSGABE und HILF stehen nebeneinander auf gleicher Stufe. In beiden tritt eine Variable X auf, jedoch bezieht sich diese im Fall der Prozedur AUSGABE auf die globale Variable X, im Fall der Prozedur HILF auf eine lokale Variable X (intern deklariert, von außen unsichtbar). Die lokale Variable könnte auch einen anderen Namen tragen, z.B. Y, und die Wertzuweisung wäre dann Y:=Ø, ohne daß die Wirkungsweise des Programms sich ändern würde.

a) Die Ausgabe ist: 1
   Die Anweisung write(X) bezieht sich auf die globale Variable X und nicht auf die lokale Variable X des Unterprogramms, obwohl die Prozedur AUSGABE vom Unterprogramm HILF aus aufgerufen wird. (Technisch: In Pascal gelten statische Scope-Regeln).

b) Die Ausgabe wäre: Ø
   Die Anweisung write(X) würde sich auf die Variable X im unmittelbar umgebenden Programmblock beziehen.

c) Wäre die Variable X im Unterprogramm HILF nicht lokal definiert, dann würde die Wertzuweisung X:=Ø die globale Variable verändern. Dies wäre ein sog. Nebeneffekt (engl. side effect), der aus Gründen der Klarheit des Programms vermieden werden sollte. Die Ausgabe wäre in diesem Fall Ø. (Vgl. auch S. 99, Aufgabe d)

d) Verboten! Der Grund ist: Der Bereich, in dem die Variable KLEIN definiert ist, ist das gesamte Unterprogramm UP. Die Konstante KLEIN ist dort verdrängt, daher kann der Typ Ausschnitt nicht mit Hilfe dieser Konstanten definiert werden.

Rekursion - Iteration I

Die folgenden Unterprogramme sind Funktionen, die beide zu zwei gegebenen ganzen Zahlen A und B den größten gemeinsamen Teiler (kurz GGT) berechnen. Beiden Programmen liegt die folgende mathematische Überlegung zugrunde (der sog. Euklidische Algorithmus): Wenn B in A ohne Rest aufgeht, dann ist B der GGT. Ist dies nicht der Fall, dann ist der gesuchte Wert der GGT von B und dem Rest der Division von A durch B.

(1)

```
function GGT(A,B:integer):integer;
var REST:integer;
begin
  repeat
    REST := A mod B;
    A := B; B := REST
  until REST = Ø;
  GGT := A
end;
```

(2)

```
function GGT(A,B:integer):integer;
begin
  if A mod B = Ø then GGT := B
  else GGT := GGT(B, A mod B)
end;
```

a) Funktionieren die angegebenen Unterprogramme einwandfrei, wenn für A ein kleinerer Wert übergeben wird als für B? Funktionieren sie auch für negative Werte von A und B? Welche Zahlen müssen ausgeschlossen werden?

b) Welche Definition ist rekursiv, welche ist iterativ?

c) Welches Unterprogramm benötigt mehr Speicherplatz?

d) Welche Definition ist dem Problem angemessener, die iterative oder die rekursive?

Lösungen (Rekursion - Iteration I)

a) Beide Funktionen funktionieren einwandfrei, auch wenn für A ein kleinerer Wert als für B eingegeben wird, sofern beide Zahlen positiv sind. Ist A kleiner als B, dann besteht der erste Schritt im Vertauschen von A und B.
Für negative Werte und vor allem für den Wert Ø ergeben sich allerdings Probleme, denn laut DIN-Festlegung ist es ein Fehler, wenn in einem Ausdruck A **mod** B der Wert von B null oder negativ ist.
Nicht-positive Werte müssen daher ausgeschlossen werden.

b) Die Funktion (1) ist iterativ formuliert, d.h. die Berechnung erfolgt in einer Schleife. Die Funktion (2) ist rekursiv, die Funktion ruft sich selbst auf.

c) Der Programmtext (Quellcode) der Funktion (2) ist zwar kleiner als der der Funktion (1), jedoch benötigt die Ausführung der rekursiven Funktion (2) in den allermeisten Fällen mehr Speicherplatz für die Variablen und zur Verwaltung der Rücksprungadressen.

d) Nach N.Wirth eignen sich rekursive Formulierungen besonders gut in den Fällen, in denen das Problem oder die zu bearbeitenden Daten rekursiv definiert sind (z.B. dynamische Datenstrukturen). Dies ist hier nicht der Fall, die iterative Formulierung ist effizienter und leichter zu überblicken.

Wirth: "Tatsächlich hat die Erklärung des Konzeptes rekursiver Algorithmen anhand von ungeeigneten Beispielen wesentlich zur Entstehung einer weitverbreiteten Abneigung und Antipathie gegen die Rekursion in der Programmierung beigetragen und zur Gleichsetzung von Rekursion mit Ineffizienz geführt." [37,§3.2]

Rekursion - Iteration II

a) Es sind drei Zahlen A, B und C einzulesen, von denen die erste nicht Null sein darf. Beurteilen Sie die folgende Prozedur:

```
procedure EINGABE(var A,B,C : real);
begin
  write('Eingabe A<>Ø:'); readln(A);
  if A = Ø then EINGABE(A,B,C);
  write('Eingabe B:'); readln(B);
  write('Eingabe C:'); readln(C);
end (* EINGABE *);
```

b) Beschreiben Sie die Wirkung der folgenden Funktion:

```
function INVERT(ZAHL:integer): integer;
var N,FAKTOR:integer;
begin
  N:=abs(ZAHL); FAKTOR:=1;
  while N >1Ø do
    begin N:=N div 1Ø; FAKTOR:=FAKTOR*1Ø end;
  if ZAHL<> Ø then INVERT:=
  INVERT(ZAHL div 1Ø) + FAKTOR*(ZAHL mod 1Ø)
  else INVERT := Ø
end (* INVERT *);
```

Welches Resultat ergibt der Aufruf INVERT(1594)? Formulieren Sie die Funktion iterativ!

c) Beschreiben Sie die Wirkung der folgenden Prozedur (Fassung in Turbo-Pascal):

```
procedure RHEKMU;
var X : char;
begin
  read(kbd,X);
  if X<>' ' then RHEKMU else writeln;
  write(X)
end (* RHEKMU *);
```

Hinweis: In Apple-Pascal muß die Eingabeanweisung lauten: read(keyboard,X);

Lösungen (Rekursion-Iteration II)

a) Die Prozedur ist dem Problem unangemessen, es liegt nicht nur ein Mißbrauch von Rekursion, sondern sogar ein Mißverständnis vor. Wird nämlich für A zunächst der Wert Ø eingegeben, dann ruft die Prozedur sich selbst auf. Dieser zweite Aufruf fordert Werte für A, B und C an. Wird dann für A ein von Ø verschiedener Wert eingegeben, wird die zweite Ebene wieder verlassen. In der ersten Ebene wird anschließend aber erneut die Eingabe von B und C erwartet; der Benutzer muß in diesem Fall die Werte für B und C doppelt eingeben. - Der Fehler wird noch stärker sichtbar, wenn mehrfach hintereinander für A die Zahl Ø eingegeben wird.

b) Die Funktion kehrt die Ziffernfolge der übergebenen Zahl um, INVERT(1594) ergibt 4951. Die iterative Formulierung erweist sich als einfacher:

```
function INVERT(ZAHL:integer):integer;
var E,Z:integer;
begin
  E:=Ø; Z:=ZAHL;
  repeat
    E:=E*1Ø + Z mod 1Ø; Z:=Z div 1Ø
  until Z=Ø;
  INVERT:=E
end;
```

c) Von der Tastatur wird ein Zeichen angefordert. Handelt es sich um das Leerfeld, dann werden ein Zeilenvorschub und das Leerfeld ausgegeben, und die Prozedur wird verlassen. Anderenfalls ist das Zeichen gespeichert, und die Prozedur wird erneut aufgerufen, ein Zeichen eingelesen, ... usw. Die Rekursionstiefe ist gleich der Anzahl der eingegebenen Zeichen. Nachdem schließlich ein Leerfeld eingegeben wurde, werden alle zuvor gelesenen Zeichen ausgegeben, und zwar in der Reihenfolge, in der die Aufrufe der Prozeduren beendet werden: zuerst die tiefste. Also erscheinen die Zeichen in umgekehrter Reihenfolge.

8 Dateien

Dateien enthalten eine Folge von Datensätzen (Komponenten) eines bestimmten, zu vereinbarenden Typs. Die Anzahl der Komponenten einer Datei ist theoretisch unbegrenzt. Pascal erlaubt die Vereinbarung sequentieller Dateien, d.h. die Daten sind aufeinanderfolgend angeordnet.

Beispiel für Vereinbarungen:

```
type KUNDE = record
               ...
             end;
var  MESSWERTE : file of REAL;
     KUNDENSTAMM : file of KUNDE;
```

Man sieht am Beispiel, daß die einzelnen Komponenten einer Datei selbst strukturiert sein können. Häufig sind sie vom Typ **array** oder **record**. Nicht gestattet sind jedoch Dateien als Komponenten von Dateien.

Zu jeder Datei mit Typenbezeichnung gibt es eine Dateivariable ('Fenster'). Das ist eine Variable des vereinbarten Typs, in der jeweils ein Wert bzw. ein Satz der Datei abgelegt ist. Sie wird mit "Dateiname"↑ bezeichnet, also z.B. mit KUNDENSTAMM↑.

Inspektion einer Datei: Das Übertragen des aktuellen Wertes aus der Datei in die Dateivariable und Weiterrücken des Fensters wird durch die Prozedur get erreicht.

Generieren einer Datei: Durch die Prozedur put wird der Inhalt der Dateivariablen in die Datei geschrieben, und das Fenster einen Schritt weiterbewegt. Hinweis: Die Prozeduren get und put von Standard-Pascal sind in Turbo-Pascal nicht vorhanden, in den folgenden Aufgaben werden sie nicht benutzt.

Das Lesen und Schreiben in Dateien kann auch mit Hilfe der Prozeduren read und write geschehen. Diese führen neben einem get bzw. put gleichzeitig auch zu einer Wertzuweisung, sie sind also komplexere Prozeduren. Beispiel:

```
var F: text; ZEICHEN: char;
...
read(F,ZEICHEN)   bedeutet:  ZEICHEN:=F↑; get(F)
write(F,ZEICHEN)  bedeutet:  F↑:=ZEICHEN; put(F)
```

(Der Dateityp text wird weiter unten beschrieben.)

Die Boolesche Funktion eof (end of file = Dateiende) ergibt true, sobald das Dateifenster hinter die letzte Eintragung der Datei bewegt werden soll. Beispiel:

```
        repeat ... until eof(KUNDENSTAMM);
oder auch: while not eof(KUNDENSTAMM) do...
```

Wird bei eof keine Datei angegeben, so bezieht sich die Funktion auf die vordefinierte Datei input, in der Regel ist das die Tastatur. eof erhält dann den Wert true durch Eingabe eines speziellen Steuerzeichens (dieses ist geräteabhängig z.B. in UCSD-Pascal CTRL-C oder in Turbo-Pascal CTRL-Z).

Das erste Einrichten einer Datei erfordert die Prozedur rewrite. War eine Datei des angegebenen Namens schon vorhanden, so werden die alten Eintragungen gelöscht. Beispiel:

```
rewrite(KUNDENSTAMM);
```

Das Öffnen (bzw. "Zurückspulen") einer schon eingerichteten Datei erfolgt mit der Prozedur reset. Dabei wird das Fenster auf den Anfang gesetzt, vorhandene Daten werden nicht gelöscht. Beispiel:

```
reset(KUNDENSTAMM);
```

Das Schließen einer Datei erfolgt in Turbo- und UCSD-Pascal mit der Prozedur close. Diese Prozedur ist in Standard-Pascal nicht vorgesehen. Beispiel:

```
close(KUNDENSTAMM);
```

In Pascal ist ein spezieller Dateityp text vordefiniert. Dieser bezeichnet Textdateien (ähnlich **file of** char), in denen eine zusätzliche Einteilung in Zeilen besteht. Schreiben und Lesen kann mit den Befehlen writeln und readln erfolgen, denn Textdateien enthalten neben den üblichen Zeichen auch ein spezielles Zeichen für das Zeilenende. Es existiert eine weitere Boolesche Funktion eoln, die prüft, ob ein Zeilenende erreicht ist (end of line). eoln ohne Dateinamen bezieht sich auf die vordefinierte Datei input (in der Regel die Tastatur). eoln wird true durch Eingabe des Zeichens für das Zeilenende (in der Regel die Taste "RETURN"). Beispiel:

```
var BRIEF: text;
...
if eoln(BRIEF) then ...
```

Weiterhin gibt es für Textdateien eine Prozedur page, die ein Steuerzeichen für den Seitenvorschub einfügt. Die genaue Wirkung von page ist aber nicht genormt und implementierungsabhängig.

Besonderheiten der Dateibearbeitung in Turbo-Pascal:

Die wichtigste Unterscheidung zu Standard-Pascal besteht im Fehlen der Prozeduren get und put. An ihrer Stelle muß mit read und write gearbeitet werden. Weiterhin ist die Prozedur page nicht vorhanden.

Der Name einer Diskettendatei (z.B. KUNDEN.DAT) muß der Dateivariablen im Programm (z.B. KUNDENSTAMM) mit Hilfe der Prozedur assign zugeordnet werden. Beispiel:

```
assign(KUNDENSTAMM,'KUNDEN.DAT');
```

Alle folgenden Operationen (wie read, write, reset und rewrite) beziehen sich dann auf die Diskettendatei.

Die Prozedur seek erlaubt den direkten Zugriff auf einzelne Komponenten der Datei. Das Dateifenster wird durch seek(... , N) auf die Stelle N gesetzt. Die Nummer des ersten Datensatzes ist Ø. Das heißt, seek(..., Ø) ist gleichbedeutend mit reset(...), und seek(KUNDENSTAMM,15) sucht die 16. Komponente in der Datei.

Das Schließen einer Datei erfordert die Prozedur close. Das Inhaltsverzeichnis der Diskette wird auf den neuesten Stand gebracht.

Durch die Prozedur erase wird eine Diskettendatei gelöscht. Zuvor muß die betreffende Datei mit close geschlossen worden sein.

Der für die Diskettendatei ursprünglich gewählte Name kann mit der Prozedur rename geändert werden. War die Datei zuvor geöffnet, so muß sie erst mit close geschlossen werden.

Turbo-Pascal bietet zwei Integer-Funktionen, die die Dateibearbeitung sehr bequem machen: filepos gibt an, auf der wievielten Komponente das Fenster sich befindet. Die Funktion filesize gibt die Länge einer Datei an; ist die Datei leer, dann ergibt sie den Wert Ø.

Wichtige in Turbo-Pascal vordefinierte Textdateien sind neben input und output die folgenden:
kbd = Tastatur ('keyboard') und lst = Drucker ('list device').

Bei Textdateien dürfen die Prozedur seek und die Funktionen filepos und filesize nicht benutzt werden, bei vordefinierten Textdateien außerdem nicht die Prozeduren assign, reset, rewrite und close.

Besonderheiten der Dateibearbeitung in UCSD-Pascal:

Der direkte Zugriff auf einzelne Komponenten einer Datei ist durch die Prozedur seek möglich. Das Dateifenster wird durch seek(... , N) auf die Stelle N gesetzt, die Numerierung beginnt mit Ø.
Die Prozedur assign ist in UCSD-Pascal nicht vorhanden.

Das Einrichten einer Diskettendatei mit Hilfe der Prozedur rewrite erfordert die Angabe des Dateinames im Programm (z.B. KUNDENSTAMM) und des Namens der zugeordneten Diskettendatei. Beispiel:

```
rewrite(KUNDENSTAMM,'#5:KUNDEN.DATA');
```

Mit der Prozedur reset sind wird eine schon existierende Datei eröffent, bzw. "zurückgespult". Dazu sind der interne Dateiname und der Name der Diskettendatei anzugeben. Beispiel:

```
reset(KUNDENSTAMM,'#5:KUNDEN.DATA');
```

Das Schließen einer Datei erfordert die Prozedur close. Dabei können Optionen angegeben werden, die die Art der externen Speicherung festlegen: purge = Löschen, crunch = Speichern bis zur zuletzt aufgerufenen Stelle, lock = Speichern.

In UCSD-Pascal wird ein weiterer vordefinierter Dateityp angeboten: interactive, der dem Dateityp text ähnlich ist. Das Schreiben und Lesen kann auch in Dateien vom Typ interactive mit den Prozeduren writeln und readln erfolgen. Der Unterschied zwischen Text- und Interactive-Dateien betrifft die Behandlung des Dateifensters bei reset, rewrite und read.
Beispiele:

```
var T: text; IA: interactive; ZEICHEN: char;
...
read(T,ZEICHEN)    bedeutet:  ZEICHEN:=T↑; get(T)
read(IA,ZEICHEN)   bedeutet:  get(IA); ZEICHEN:=IA↑
```

Eine wichtige vordefinierte UCSD-Standarddatei vom Typ interactive ist die Datei keyboard (Tastatur; eingegebene Zeichen werden nicht an den Bildschirm gesendet). Auch die Dateien input und output sind vom Typ interactive (input = Tastatur; empfangene Zeichen werden an den Bildschirm weitergegeben ("Echo"), output = Bildschirm).

Allgemeine Dateien

Für die folgenden Aufgaben setzen wir als Vereinbarungen voraus:

```
type REALDATEI = file of real;
var X: real; R1,R2,HILF: REALDATEI;
```

In den Dateien R1 und R2 sind Real-Zahlen gespeichert, HILF ist noch leer.

a) Das Dateifenster von R1 soll auf die letzte Komponente gerückt werden. Ist dazu die folgende Anweisung geeignet?

```
while not eof(R1) do read(R1,X);
```

b) Anschließend sollen die Werte aus der Datei R2 an R1 gehängt werden. Ist dazu die folgende Konstruktion geeignet?

```
repeat read(R2,X); write(R1,X) until eof(R2);
```

c) Die Datei R1 soll nach negativen Werten durchsucht werden, ihre Anzahl ist auszugeben.

d) In der Datei R1 sollen alle negativen Werte in positive Werte umgewandelt werden. Weshalb ist die folgende Konstruktion falsch?

```
repeat
  read(R1,X); X:=abs(X); write(R1,X)
until eof(R1);
```

Verbessern Sie das Programmstück! Benutzen Sie für Ihre Lösung eventuell die Datei HILF.

Lösungen (Allgemeine Dateien)

a) Die gezeigte Anweisung ist geeignet und sinnvoll. In Standard-Pascal und in UCSD-Pascal kann auch einfacher formuliert werden:

```
while not eof(Rl) do get(Rl);
```

In Turbo-Pascal kann die folgende (nicht standardmäßig vorhandene) Anweisung benutzt werden:

```
seek(Rl,filesize(Rl));
```

b) Die angegebene Konstruktion ist richtig, sofern R2 mindestens eine Eintragung enthält. Besser ist:

```
while not eof(R2) do
  begin read(R2,X); write(Rl,X) end;
```

c) Es wird eine Integer-Variable I als Zähler benutzt:

```
I:=Ø; reset(Rl);
while not eof(Rl) do
  begin read(Rl,X); if X<Ø then I:=I+1 end;
writeln('In Rl gibt es ',I,' negative Werte.');
```

d) Die angegebene Schleife führt nicht zum gewünschten Ergebnis, weil der Betrag der Ø. Komponente auf die 1. geschrieben wird, der Betrag der 3. Komponente auf die 4. usw. Das Problem ist, daß die Prozedur read das Dateifenster jeweils um eine Stelle nach rechts rückt. - Im übrigen wurde auch das Zurückspulen der Datei Rl vor der Schleifenanweisung vergessen.

Die Aufgabe wird durch das folgende Programmstück gelöst:

```
reset(Rl); rewrite(HILF);
while not eof(Rl) do
  begin                    (* Kopiere Rl nach HILF *)
    read(Rl,X); write(HILF,X)
  end;
rewrite(Rl); reset(HILF);
while not eof(HILF) do   (* Kopiere gew. Werte *)
  begin                    (* von HILF nach Rl   *)
    read(HILF,X); X:=abs(X); write(Rl,X)
  end;
```

Dateivariable

a) D1 und D2 sind Dateivariable desselben Typs, z.B.

```
var D1, D2 : file of integer;
```

Ist dann die folgende Wertzuweisung erlaubt?

```
D1:=D2;
```

b) Wie wird eine Dateivariable initialisiert?

Zur Erinnerung: Bei numerischen Variablen wird z.B. durch die Wertzuweisung X:=Ø die Initialisierung mit dem Wert Ø vorgenommen, bei Char-Variablen z.B. durch C:=' ', bei Zeigern durch Z:=**nil** ... usw.

c) Kann eine Dateivariable als Parameter an ein vom Programmierer definiertes Unterprogramm übergeben werden?

d) Ist die Definition eines Dateityps erlaubt, der als eine Komponente eine Datei enthält?

e) Ist die Definition eines Dateityps TEXT in folgender Weise möglich?

```
type WORT = string[4Ø];
     TEXT = file of WORT;
```

f) Sind die folgenden Vereinbarungen zulässig?

```
var SATZ: array[1..9] of file of char;
var VEKTOREN: file of array [1..9] of real;
```

Lösungen (Dateivariable)

a) Es ist nicht erlaubt, Dateivariable durch Wertzuweisung miteinander zu verknüpfen. Wenn die Werte der Datei D2 in die Datei D1 kopiert werden sollen, dann ist eine Schleife des Typs

while not eof(D2) **do** ...

zu verwenden.

b) Der "neutrale" Wert einer Datei D ist, daß sie leer ist. Dies wird erreicht durch

rewrite(D);

Beachten Sie: die Anweisung reset(D) löscht keine Komponenten von D und stellt nur das Dateifenster auf die Anfangskomponente.

c) Eine Dateivariable kann nicht an ein vom Programmierer definiertes Unterprogramm übergeben werden. Dateivariable können nur an vordefinierte Unterprogramme übergeben werden wie etwa eof, reset usw.

d) Nein, ein Dateityp darf als Komponenten keine Dateien enthalten, d.h. es ist nicht zulässig Dateien der Gestalt **file of file** ... zu bilden.

e) Ja, die angegebene Definition ist zulässig; der vordefinierte Dateityp text ist aber dann - im betreffenden Programmbereich der neuen Definition - nicht mehr verfügbar.

f) Beide Vereinbarungen sind erlaubt. Im ersten Fall werden neun Dateien für Zeichen definiert, im zweiten Fall wird eine Datei definiert, in der **array**s mit je neun Komponenten auftreten.

Textdateien

a) Eine Textdatei D enthält einen deutschen Text mit Umlauten und ß. Diese Textdatei soll in eine zweite Textdatei E kopiert werden, in der ß als ss und die Umlaute als Ae, Oe, ... oe bzw. ue auftreten.

Schreiben Sie ein Programmstück, das diese Umwandlung ohne Rücksicht auf die Zeilenstruktur in D ausführt.

b) Berücksichtigen Sie bei der Umwandlung zusätzlich die Zeilenstruktur der Quelldatei D.

c) In eine Textdatei dürfen auch die Werte von Zahlenvariablen geschrieben werden. Sie liegen dort als Text vor.
Benutzen Sie diesen Hinweis, um eine Real-Zahl auf genau zwei Nachkommastellen zu runden und den Dezimalpunkt durch ein Komma zu ersetzen. Der Wert soll rechtsbündig in einen String der Länge 15 geschrieben werden.

d) Ist die folgende Vereinbarung erlaubt?

```
type KAPITEL=text;
var  BUCH: file of KAPITEL;
```

Lösungen (Textdateien)

a) Programmstück zur Konversion einer Textdatei:

```
var D,E: text; C: char;
...
reset(D); rewrite(E);
while not eof(D) do
  begin
    read(D,C);
    if C in ['Ä','Ö','Ü','ä','ö','ü','ß'] then
      case C of
        'Ä': write(E,'Ae');
        'Ö': write(E,'Oe');
        'Ü': write(E,'Ue');
        'ä': write(E,'ae');
        'ö': write(E,'oe');
        'ü': write(E,'ue');
        'ß': write(E,'ss')
      end (* case *)
    else write(E,C)
  end (* while *);
```

b) Das in a) angegebene Programm funktioniert unter Turbo-Pascal zufriedenstellend, die Zeilenstruktur wird übertragen. In Standard-Pascal und in UCSD-Pascal muß diese hingegen explizit abgefragt werden. Das Schema ist:

```
while not eof(D) do
  begin
    while not eoln(D) do
      begin read(D,C); write(E,C) end;
    readln(D);writeln(E)
  end;
```

c) Eine mögliche Lösung der gestellten Aufgabe ist:

```
var T: text;
    X: real; XTEXT: string[15]; I: integer;
...
rewrite(T); write(T,X,:15:2); reset(T);
read(T,XTEXT);
for I:=1 to length(XTEXT) do
  if XTEXT[I]='.' then XTEXT[I]:=',';
```

d) Nein, denn diese Vereinbarung würde zu einer Datei führen, die als Komponenten Dateien hat. Das ist nicht zulässig (vgl. S. 118).

9 Dynamische Datenstrukturen

Mit Zeigern können während des Ablaufs eines Programms Variable neu ('dynamisch') angelegt werden. Gelegentlich verwendet man auch im Deutschen den englischen Namen pointer für Zeiger. Vereinbarungen können z.B. wie folgt aussehen:

Beispiel: **type** VERWEIS = ↑integer;
var LETZTE,NAECHSTE: VERWEIS;
WERT: ↑real;

LETZTE und NAECHSTE sind Zeiger. Sie weisen auf Speicherplätze, die in diesem Fall je einen Integer-Wert enthalten können. WERT weist auf einen Speicherplatz für eine Real-Zahl. In Kapitel 7 wurde im Rahmen eines speziellen Beispiels bereits eine Variable vom Zeigertyp benutzt (S. 98).

Unmittelbar nach der Vereinbarung sind Zeiger noch nicht aktiv. Durch die Prozedur new wird eine Variable des betreffenden Typs angelegt. Diese ist danach unter der Bezeichnung "Zeigername"↑ erreichbar.

Beispiel: new(NAECHSTE);
NAECHSTE↑:=12636;

NAECHSTE ——▶ [12636]

Mit NAECHSTE↑ kann so verfahren werden, wie mit einer normalen Integer-Variablen.

Zur Initialisierung von Zeigern dient der Wert **nil**. (**nil** heißt 'nichts', der Zeiger ist stumpf.)

Beispiel: LETZTE:=**nil**;

LETZTE ——▶|

Einem Zeiger kann der Wert (d.h. die gekennzeichnete Speicheradresse) eines anderen Zeigers zugewiesen werden.
Beispiel: Nach dem Befehl LETZTE:=NAECHSTE weisen LETZTE und NAECHSTE auf denselben Speicherplatz, und der Befehl writeln(LETZTE↑) hätte als Ergebnis "12636".

NAECHSTE ┐
LETZTE ┘ ——▶ [12636]

Weiteres Beispiel:

Die Anweisungsfolge NAECHSTE↑:=3575; LETZTE:=NAECHSTE;
LETZTE↑:=798; writeln(NAECHSTE↑)

hätte die Ausgabe 798.

Im Unterschied dazu betrifft eine Wertzuweisung der Form ZEIGER1↑:=ZEIGER2↑ die Speicherinhalte. Durch sie wird dem Speicherplatz, auf den ZEIGER1 weist, der Inhalt des anderen Speicherplatzes zugewiesen.

Beispiel: NAECHSTE → [12636]

new(LETZTE); LETZTE↑:=NAECHSTE↑; LETZTE → [12636]

LETZTE und NAECHSTE weisen auf <u>verschiedene</u> Speicher. Beide enthalten aber denselben Wert (12636).

Zeiger ermöglichen die Bildung dynamischer Datenstrukturen, deren Größe nicht von Anfang an festgeschrieben ist. Dazu werden benötigt:

1. Zeiger, die auf einen Verbund (**record**) deuten;
2. dieser Verbundtyp, der als mindestens eine Komponente einen Zeiger der Form (1) besitzt.

Die Typdeklaration erfordert die Nennung des Verbundnamens vor seiner Vereinbarung. Dies ist ausnahmsweise zulässig. (Ansonsten gilt natürlich, daß Namen erst nach ihrer Vereinbarung benutzt werden dürfen.)

Beispiel für die Vereinbarung von Datentypen zum Aufbau dynamischer Datenstrukturen:

```
type ZEIGER = ↑SATZ;
     SATZ = record
               ...
               Z : ZEIGER
            end;
```

Interessante Datenstrukturen mit Zeigern sind: lineare und mehrfach verkettete Listen, Bäume (z.B. Binärbäume) und gerichtete Graphen. Listen eignen sich gut zum Einfügen und Löschen von Elementen, ausgeglichene Binärbäume sind ideal für Suchprozesse.

Literaturhinweis: [17, Band 2], [26], [33], [37].

Einfach verkettete Liste

In einer einfach verketteten Liste sollen Meßdaten gespeichert werden (integer). Der Datentyp Liste ist hier zweckmäßig, weil zu Beginn einer Messung noch nicht feststeht, wie viele Daten aufgenommen werden.

a) Definieren Sie den Typ der Komponenten der Liste:

type ...

b) Definieren Sie die Variablen START und ENDE. START soll fest auf den Listenbeginn und ENDE soll jeweils auf das aktuelle Listenende weisen.

var ...

c) Definieren Sie die Prozedur NAECHSTERWERT, die
- den nächsten Meßwert einliest,
- diesen Wert an die Liste anfügt
- und den Zeiger ENDE aktualisiert.

procedure NAECHSTERWERT;
...

d) Definieren Sie die Funktionen MITTELWERT und VARIANZ, die zu den vorhandenen Meßwerten den arithmetischen Mittelwert und die Varianz berechnen. Zur Erinnerung: Wenn die Meßwerte mit $x_1, x_2, x_3, \ldots, x_n$ bezeichnet werden und der Mittelwert mit $\bar{x}$, dann gilt:

$$\text{Mittelwert} = (x_1 + x_2 + \ldots + x_n)/n = \bar{x}$$

$$\text{Varianz} = \left((x_1-\bar{x})^2 + (x_2-\bar{x})^2 + \ldots + (x_n-\bar{x})^2\right)/n$$

function MITTELWERT: real;
...

function VARIANZ: real;
...

Lösungen (Einfach verkettete Liste)

a)
```
type ZEIGER = ↑EINTRAG;
     EINTRAG= record
                WERT: integer; WEITER: ZEIGER
              end;
```

b)
```
var  START, ENDE: ZEIGER;
```

c)
```
procedure NAECHSTERWERT;
var NEU: ZEIGER;
begin
  new(NEU);
  with NEU↑ do
    begin
      write('Nächster Meßwert: '); readln(WERT);
      WEITER:=nil
    end;
  ENDE↑.WEITER:=NEU; ENDE:=NEU
end;
```

d)
```
function MITTELWERT: real;
var Z:ZEIGER; SUMME:real; N:integer;
begin
  SUMME:=START↑.WERT; Z:=START; N:=1;
  while not(Z=ENDE) do
    begin
      Z:=Z↑.WEITER; N:=N+1;
      SUMME:=SUMME + Z↑.WERT
    end;
  MITTELWERT:=SUMME/N
end;

function VARIANZ: real;
var Z:ZEIGER; SUMME,MITTEL:real; N:integer;
begin
  MITTEL:=MITTELWERT; SUMME:=sqr(START↑.WERT-MITTEL);
  ...                (* weiter wie oben *)
  SUMME:=SUMME + sqr(Z↑.WERT-MITTEL)
  ...
  VARIANZ:=SUMME/N
end;
```

Warteschlange

Ein Warteschlange (FIFO-Struktur, Queue) soll durch eine einfach verkettete Liste dargestellt werden.
Literaturhinweis: [33, Kapitel 4]
Wir nehmen an, daß die Schlange nur Werte vom Typ integer enthält. Die einzelnen Komponenten der Schlange werden definiert wie bei einer normalen einfachen Liste.

```
type ZEIGER = ↑KOMPONENTE;
     KOMPONENTE = record
                    INHALT : integer;
                    VERWEIS: ZEIGER
                  end;
```

a) Definieren Sie eine Funktion, die den Inhalt des ersten (d.h. ältesten) Elements angibt und dieses Element aus der Schlange entfernt:

   function ERSTERWERT: integer;

   Wir verabreden hier zur Vereinfachung: Schlangen können nicht leer sein. Wenn zu häufig der erste Wert herausgenommen wird, dann schrumpft die Schlange auf die Länge 1, und der einzige Inhalt ist der Wert Ø.

b) Definieren Sie eine Prozedur, die an das Ende der Schlange die neueste Komponente anhängt:

   procedure FUEGEAN(WERT:integer);

c) Definieren Sie eine Funktion, die die aktuelle Länge der Schlange feststellt:

   function LAENGE: integer;

d) Definieren Sie eine Funktion, die prüft, ob ein gewisser Wert in der Schlange auftritt:

   function VORHANDEN(Wert:integer): Boolean;

Lösungen (Warteschlange)

Wir setzen voraus, daß zu jeder Zeit die Zeiger ANFANG und ENDE auf die entsprechenden Stellen der Warteschlage weisen.

```
var ANFANG,ENDE: ZEIGER;
...
```

a)
```
function ERSTERWERT: integer;
begin
  ERSTERWERT:=ANFANG↑.INHALT;
  if ANFANG↑.VERWEIS=nil then
    ANFANG↑.INHALT:=Ø else ANFANG:=ANFANG↑.VERWEIS
end;
```

b)
```
procedure FUEGEAN(WERT:integer);
var HILF: ZEIGER;
begin
  new(HILF);
  ENDE↑.VERWEIS:=HILF; ENDE:=HILF;
  with ENDE↑ do
    begin INHALT:=WERT; VERWEIS:=nil  end
end;
```

c)
```
function LAENGE: integer;
var HILF: ZEIGER; N: integer;
begin
  N:=1; HILF:=ANFANG;
  while not(HILF↑.VERWEIS=nil) do
    begin N:=N+1; HILF:=HILF↑.VERWEIS end;
  LAENGE:=N
end;
```

d)
```
function VORHANDEN(WERT:integer): Boolean;
var HILF: ZEIGER; GEFUNDEN: Boolean;
begin
  GEFUNDEN:=false; HILF:=ANFANG;
  repeat               (*Alternative zur Schleifenkon-*)
    with HILF↑ do      (*struktion mit while (s.oben) *)
      begin GEFUNDEN:=INHALT=WERT; HILF:=VERWEIS end
  until (HILF=nil) or GEFUNDEN;
  VORHANDEN:=GEFUNDEN
end;
```

Baumstruktur

Das folgende Programm soll diskutiert werden:

```
program SORTIERTER_BINAERER_BAUM;
type ZEIGER= ↑KNOTEN;
     KNOTEN= record
               INHALT: integer;
               LZEIGER,RZEIGER: ZEIGER
             end;
var BAUM: ZEIGER; WERT: integer;

procedure ERWEITERE(var B:ZEIGER; I:integer);
begin
  if B↑.INHALT<>I then            (* erweitere Baum *)
    if B=nil then            (* erzeuge neuen Knoten *)
    begin
      new(B); B↑.INHALT := I;
      B↑.LZEIGER := nil; B↑.RZEIGER := nil
    end
    else                      (* laufe weiter im Baum *)
      if B↑.INHALT>I then ERWEITERE(B↑.LZEIGER,I)
      else ERWEITERE(B↑.RZEIGER,I)
end (* ERWEITERE *);

procedure DRUCKE_INHALT(B:ZEIGER);
begin
  if B<>nil then
  begin
    DRUCKE_INHALT(B↑.LZEIGER);
    write(B↑.INHALT:4);
    DRUCKE_INHALT(B↑.RZEIGER)
  end (* if *)
end (* DRUCKE_INHALT *);

begin (* Hauptprogramm *)
  BAUM := nil;
  repeat                          (* Baum aufbauen *)
    readln(WERT);
    if WERT<>9999 then ERWEITERE(BAUM,WERT)
  until WERT=9999;     (* willkürliche Abbruchbed. *)
  DRUCKE_INHALT(BAUM)             (* Baum ausgeben *)
end.
```

Ihre Aufgaben:

a) Es werden die folgenden Werte eingegeben:

   1. Fall: 16, 8, 32, 4, 64, 2, 128, 9999

   2. Fall: 16, 4, 64, 2, 8, 32, 128, 9999

   Stellen Sie graphisch die dabei jeweils erzeugte Baumstruktur dar.

b) Welche Struktur entsteht, wenn der Benutzer die Werte bereits aufsteigend geordnet eingibt?

c) Wie werden wiederholt auftretende Elemente behandelt?

d) Schreiben Sie eine Funktion, die testet, ob eine ganze Zahl I in einem vorgelegten Baum auftritt:

   function VORHANDEN(B:ZEIGER; I:integer): Boolean;

   Der geordnete Aufbau des Baums ist beim Durchsuchen auszunutzen ("binäres Suchen").

Lösungen (Baumstruktur)

a) Im ersten Fall entsteht kein ausgewogener Binärbaum:

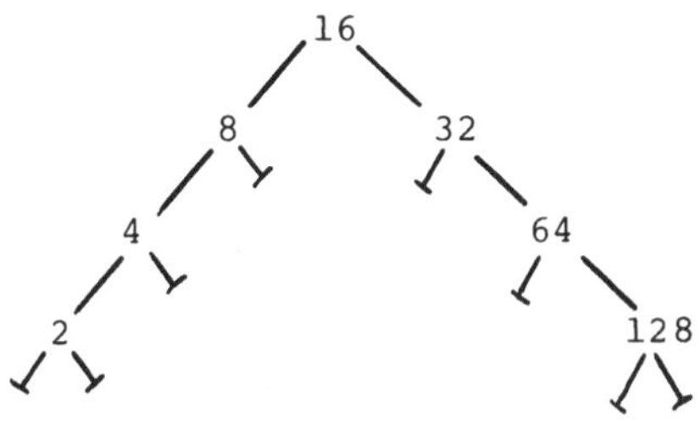

Im zweiten Fall entsteht ein vollständiger Binärbaum:

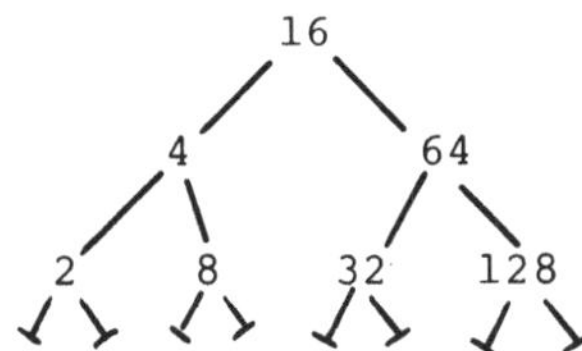

b) Wenn der Benutzer bereits aufsteigend geordnete Werte eingibt, wird eine lineare Liste erzeugt.
Beispiel: nach der Eingabe von

2, 4, 8, 16, 32, 64, 128, 9999

ergibt sich der folgende ('entartete') Baum:

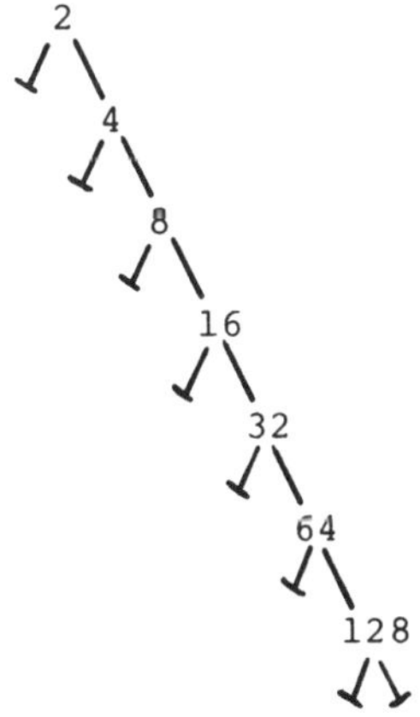

c) Wiederholt eingegebene Werte werden ignoriert. Dies wird garantiert durch die logische Abfrage

```
if B↑.INHALT<>I then ...
```

zu Beginn der Prozedur ERWEITERE.

d) Es ist günstig, die Suchprozedur rekursiv zu formulieren:

```
function VORHANDEN(B:ZEIGER; I:integer): Boolean;
begin
 if B=nil then VORHANDEN:=false
  else if B↑.INHALT=I then VORHANDEN:=true
    else if B↑.INHALT>I then
                 VORHANDEN:=VORHANDEN(B↑.LZEIGER,I)
          else VORHANDEN:=VORHANDEN(B↑.RZEIGER,I)
end;
```

Dieses Suchverfahren entspricht dem aus der Mathematik bekannten Verfahren der Intervallhalbierung. Nach jedem Schritt wird der noch zu durchsuchende Teil in etwa halbiert. Das Verfahren ist optimal für ausgeglichene Binärbäume geeignet. Im Fall der Entartung des Baums zu einer linearen Liste (vgl. b) ist dieses Verfahren aber denkbar ineffektiv, weil es dann lineares Durchsuchen der Liste bedeutet.

10 Programmierstil

Stilfragen mögen zum Teil auch Geschmacksfragen sein, jedoch geht es beim Programmieren um mehr: ernsthafte Programme sind lang, z.B. so lang wie dieses ganze Buch. Die Aufgabe des Programmierers ist in den Worten von E.W.Dijkstra, "... the art of organizing complexity, of mastering multitude and avoiding its bastard chaos as effectively as possible" [14, S.6]. Hauptanliegen des Programmierers muß es daher schlicht sein, korrekte Programme zu schreiben, d.h. solche, die das tun, was sie tun sollen.

Als ein Weg zu zuverlässigen Programmen wird heute das strukturierte Programmieren angesehen, d.h. die Erzeugung kleiner, überschaubarer Programmeinheiten mit definierten Ein- und Ausgängen (daher der Wunsch, Sprungbefehle möglichst zu vermeiden), deren lokale Korrektheit mindestens heuristisch einleuchtend ist. Ein wesentliches Hilfsmittel ist dabei das Segmentieren in voneinander unabhängige Unterprogramme (vgl. Kap.7).

Unmittelbar danach kommt natürlich der Wunsch, leicht wartbare Programme zu produzieren, d.h. es stellt sich das Problem, angemessene Datenstrukturen zu wählen, sowie aussagekräftige Namen für selbstdefinierte Bezeichner und sinnvolle Programmkonstruktionen, damit ein späterer Bearbeiter des Programmes, z.B. bei nachträglichen Erweiterungen, den Quellcode leichter versteht und eventuelle eigene Fehler schnell findet.

Schließlich soll bei interaktiven Programmen die "Benutzeroberfläche" (d.h. das, was der Anwender vom Programm erlebt) komfortabel und robust gegenüber Bedienfehlern sein (defensives Programmdesign).

Um die oben aufgeworfenen Fragen auch nur einigermaßen befriedigend zu diskutieren, bedarf es eigener Abhandlungen; hierzu sei auf die Darstellungen in [14], [16], [37] und [39] hingewiesen. Für die Programmierpraxis finden sich "Zehn Gebote der Verständlichkeit" in [5, S.103], die jeder Pascalprogrammierer zur Kenntnis genommen haben sollte. Um eines ganz deutlich zu sagen: ein guter Stil drückt sich nicht notwendigerweise und nicht allein in optisch ansprechend gegliederten Programmen aus.

Die folgenden Aufgaben beschäftigen sich mit Details: wir begegnet wieder der Fakultätsfunktion, und es wird an Beispielen geübt, fremde (kleine) Programme zu verstehen und zu verbessern, Fehler in Programmen zu finden und Fehlerquellen bei der Benutzung interaktiver Programme auszuschließen.

Programmiermethodik

Ein Standardproblem ist die Berechnung von Binomialkoeffizienten, die z.B. bei kombinatorischen Fragestellungen auftreten. Zu zwei positiven ganzen Zahlen N und K wird der Binomialkoeffizient "N über K" wie folgt definiert:

$\binom{N}{K} = \frac{N!}{K! \cdot (N-K)!}$; $N! = 1 \cdot 2 \cdot 3 \cdot \ldots \cdot (N-1) \cdot N$ und $0! = 1$
(gelesen "N-Fakultät")

a) Weshalb ist das folgende Unterprogramm zur Berechnung von Binomialkoeffizienten unzweckmäßig? (Es enthält außerdem einen Syntaxfehler.)

```
function BINK(N,K:integer): integer;
  function FAK(M:integer): integer;
  var I,P: integer;
  begin
    P:=1;
    for I:=1 to M do P:= P * I;
    FAK:=P
  end (* FAK *);
begin
  BINK:= FAK(N) / FAK(K) / FAK(N-K)
end (* BINK *);
```

b) Könnte die Berechnung der Fakultät auch ohne Benutzung der Hilfsvariablen P erfolgen?

```
function FAK(M:integer): integer;
var I: integer;
begin
  FAK:=1;
  for I:=1 to M do FAK:=FAK * I
end;
```

c) Was ist von einer rekursiven Definition von FAK zu halten?

```
function FAK(M:integer): integer;
begin
  if M = Ø then FAK := 1
  else FAK := M * FAK(M-1)
end;
```

Lösung (Programmiermethodik)

a) Der Syntaxfehler ist die Verwendung des Operators / anstelle von **div** bei der Integer-Division.

Unzweckmäßig ist die Benutzung der Fakultätsfunktion, denn es ergeben sich bereits für kleine M große Werte für M! . (Schon 8! übersteigt 32767 (maxint). Das Ergebnis von BINK ist dann in UCSD- und in Turbo-Pascal unbrauchbar.) Eine bessere Methode ist die alternierende Multiplikation und Division. Beispiel:

$$\binom{12}{4} = \frac{12 \cdot 11 \cdot 10 \cdot 9}{1 \cdot 2 \cdot 3 \cdot 4} = 12/1*11/2*10/3*9/4=495.$$

Dies legt die folgende Veränderung nahe:

```
function BINK(N,K:integer): integer;
var I, WERT: integer;
begin
  WERT := 1;
  for I := N downto N-K+1 do
    WERT := WERT * I div (N-I+1);
  BINK := WERT
end (* BINK *);
```

b) Das angegebene Programmstück ist syntaktisch nicht zulässig. In der Zeile

... **do** FAK := FAK * I

erscheint auf der rechten Seite der Wertzuweisung der Funktionsname. Der Übersetzer behandelt dies als Funktionsaufruf; allerdings fehlt der Parameter, und daher erfolgt eine Fehlermeldung.

c) Das angegebene Programmstück ist syntaktisch korrekt und funktioniert für kleine Werte von M.
Die Verwendung einer rekursiven Funktionsdefinition kann hier jedoch nicht empfohlen werden. Bei größeren Werten wird die Kapazität des Kellerspeichers schnell erschöpft, zudem wächst die Ausführungszeit extrem an.

Defensives Programmieren

Defensives Programmieren bedeutet u.a., daß Eingaben auf Zulässigkeit überprüft werden. Soll der Benutzer z.B. genau einen der Buchstaben B, T oder E eingeben, so könnte der Programmteil wie folgt aussehen:

```
var ANTW: char;
...
writeln('Wählen Sie:');
write('B(ild, T(ext, E(nde');
repeat
  read(ANTW)
until ANTW in ['B','T','E'];
```

Andere Eingaben bleiben wirkungslos.

a) Das gezeigte Programmstück hat zwei für die Praxis unzweckmäßige Eigenschaften. Verbessern Sie!

b) Falsche Eingaben sollen mit einem Signal beantwortet werden, z.B. mit einem Ton mittels write(chr(7)).

c) Was ist von folgendem Programmteil zu halten?

```
var WERT: 1..8;
...
write('Eingabe ganze Zahl zwischen 1 und 8: ');
repeat
  readln(WERT)
until WERT in [1..8];
```

Lösungen (Defensives Programmieren)

a) Es besteht kein einleuchtender Grund, nur Großbuchstaben als Eingabe zuzulassen und Kleinbuchstaben zurückzuweisen. Eine sinnvolle Ergänzung der Eingabeschleife ist daher die Umwandlung von Kleinbuchstaben in Großbuchstaben, z.B. mit einer zuvor definierten Funktion MAJUSKEL (vgl. Kap. 7, Abschnitt "Selbstdefinierte Funktionen"). Weiterhin sollte auf dem Bildschirm das Eingabezeichen erst erscheinen, nachdem es akzeptiert wurde, d.h. die Eingabe sollte zunächst ohne Bildschirmecho erfolgen mit read(kbd,ANTW) (Turbo-Pascal) bzw. read(keyboard,ANTW) (UCSD-Pascal). Erst nach Verlassen der Schleife ist der Wert von ANTW anzuzeigen.

b) Um Fehleingaben mit chr(7) zu beantworten, muß die Eingabeschleife um eine bedingte Anweisung ergänzt werden:

```
if not(ANTW in ['B','T','E']) then write(chr(7));
```

Als Ergebnis von a) und b) erhalten wir:

```
var ANTW:char;
...
function MAJUSKEL(B:char):char;
...
repeat
  read(kbd,ANTW); ANTW:=MAJUSKEL(ANTW);
  if not(ANTW in ['B','T','E']) then write(chr(7))
until ANTW in ['B','T','E'];
write(ANTW);
```

c) Der gezeigte Programmteil ist semantisch zwar widersinnig, jedoch funktioniert er in Turbo- und in UCSD-Pascal wie gewünscht. Unabhängig von der Einstellung der Compileroption $R (Bereichsüberwachung) darf durch read bzw. readln der Variablen vom Ausschnittstyp ein zu großer oder zu kleiner Wert zugewiesen werden. Ein Laufzeitfehler tritt erst dann auf, wenn ein solcher Wert mittels := der Variablen WERT zugewiesen werden soll (sofern $R+ gilt).

Beispiel: Zahl als Text

Zu den etwas heikleren Aufgaben gehört in Pascal die Umwandlung von Real-Zahlen in Textstrings (vgl. S.119).

Das folgende Programm wird als Lösung für die folgende vereinfachte Aufgabenstellung vorgeschlagen: Die Real-Variable BETRAG enthalte eine positive ganze Zahl, die bis zu 9 Stellen lang ist. Die Ziffernfolge soll in der String-Variablen ZAHL gespeichert werden; nicht benötigte Stellen sollen das Zeichen * enthalten.

Beispiel: BETRAG = 1.6E3 ergibt ZAHL = 16ØØØ****

Ihre Aufgabe: Überprüfen Sie das gegebene Programm
- auf Syntaxfehler,
- auf mögliche Laufzeitfehler (bei gewissen Eingaben),
- auf versteckte Programmierfehler.

```
program ZAHLSTRING; (* wandelt positive ganze *)
                    (* Zahl in Zeichenkette *)
var BETRAG,STELLE,HILF: real; I: integer;
    ZAHL: packed array [1..9] of char;
begin
  ZAHL := '*********'; readln(BETRAG);
  I := Ø;
  while BETRAG >= 1 do (* nur pos. ganze Zahlen *)
  begin                (* werden berücksichtigt *)
    I := I+1; STELLE := 1; HILF := BETRAG;
    while HILF >= 1Ø do
    begin
      STELLE := STELLE*1Ø; HILF := HILF/1Ø
    end;
    BETRAG := BETRAG-trunc(HILF)*STELLE;
                         (* schneide erste Ziffer ab *)
    ZAHL[I] := chr(trunc(HILF)+ord('Ø'))
  end (* while *);
  writeln(ZAHL)
end.
```

Lösung (Beispiel: Zahl als Text)

Das vorgelegte Programm ist syntaktisch korrekt, jedoch enthält es zwei Programmierfehler.

(i) Die Eingabe der Zahl BETRAG wird nicht überwacht, so daß auch zu große Zahlen angenommen werden. Eine solche Eingabe kann zu einen Laufzeitfehler führen. In jedem Fall ist das Resultat nicht korrekt.

(ii) Das Programm enthält einen logischen Fehler, es funktioniert nur korrekt für Zahlen, die keine Nullen enthalten.
Beispiel: BETRAG = 123Ø ergibt 123******

Die Fehler werden im folgenden Programm vermieden.

```
program ZAHLSTRING;
var BETRAG,STELLE,HILF: real; I,K,L: integer;
    ZAHL: packed array [1..9] of char;
begin
  ZAHL := '*********';
  repeat readln(BETRAG) until BETRAG < 1E9;
  if BETRAG >=1 then
  begin
    STELLE := 1; HILF := BETRAG; L := 1;
    while HILF >=1Ø do
    begin
      STELLE := STELLE*1Ø; HILF := HILF/1Ø; L:=L+1
    end;
    for I := 1 to L do
    begin
      BETRAG := BETRAG-trunc(HILF)*STELLE;
      ZAHL[I] := chr(trunc(HILF)+ord('Ø'));
      if I < L then
      begin
        HILF := BETRAG;
        if I < L-1 then
          for K := 1 to L-I-1 do HILF := HILF/1Ø;
        STELLE := STELLE/1Ø
      end (* if *)
    end (* for *)
  end (* if *);
  writeln(ZAHL)
end.
```

Programme verändern I

Ein mehrfach publiziertes Programm zum n-Damen-Problem (siehe z.B. [5,S.94]) benutzt die folgende Konstruktion:

```
var DAME : array [1..N] of integer;
...
function BEDROHT(I:integer): Boolean;
var K : integer;
begin
  BEDROHT := false;
  for K := 1 to I-1 do
    if(DAME[I]=DAME[K])
    (* zwei Damen in gleicher Höhe *)
    or (abs(DAME[I]-DAME[K])=I-K)
    (* zwei Damen diagonal *)
    then begin
      BEDROHT := true; exit(BEDROHT)
    end (* for *)
end (* BEDROHT *);
```

Der Programmteil ist syntaktisch und semantisch korrekt, er funktioniert in UCSD- und in Turbo-Pascal in der gewünschten Weise.

Die Benutzung eines Exit-Befehls zum Verlassen einer **for-to** - Schleife ist aber wenig elegant und kann leicht umgangen werden. Im übrigen ist exit kein Standard-Befehl, d.h. nach DIN 66256 ist diese Prozedur nicht Bestandteil der Norm. Verbessern Sie die angegebene Konstruktion durch Verwendung einer **while** - Schleife.

Beachten Sie auch, daß im Fall I=1 die **for** - Schleife als untere Grenze 1 und als obere Grenze Ø hat. Wie oft wird eine derart begrenzte Schleife durchlaufen?

Lösungen (Programme verändern I)

Anstelle der **for...to** - Schleife sollte eine ereignisgesteuerte Schleife verwandt werden.

```
function BEDROHT(I:integer): Boolean;
var K: integer; GEFAHR: Boolean;
begin
  GEFAHR:=false; K:=1;
  while (K<I) and not GEFAHR do
  begin
    GEFAHR:=(DAME[I]=DAME[K]) or
            (abs(DAME[I]-DAME[K])=I-K);
    K:=K+1
  end;
  BEDROHT:=GEFAHR
end (* BEDROHT *);
```

Die Faustregel, daß **arrays** mit **for...to** - Schleifen bearbeitet werden sollten, gilt nicht in den Fällen, in denen das Durchsuchen nicht erschöpfend sein muß oder sein darf. (Ein solcher Fall wurde auch in Kap. 5, "Benutzung von **arrays**" angesprochen.)

Eine **for...to**-Schleife mit unpassenden Begrenzungen wird nach DIN 66 256 ignoriert, denn die Anweisung

for I:=A **to** B **do** ...

ist äquivalent zu einer Anweisungsfolge, die beginnt mit

if A <= B **then** ...

Das Auftreten des Falles untere Grenze = 1, obere Grenze = Ø führt daher im angegebenen Programmteil nicht zu einem Fehler.

Programme verändern II

Das folgende Programm wird in [25] angegeben. Es soll kritisch analysiert und ggf. verbessert werden.

```
program PA4210;
label 1;
var Q:real;
    K:integer;
begin
  Q:=1;
  for K:=1 to 366 do
    begin
      Q:=Q*(366-K)/365;
      if 1-Q > Ø.5 then goto 1
    end;
  1:writeln('Wahrscheinlichkeit: W=',1-Q:9:6);
  writeln;
  writeln('Anzahl der Personen: K=',K:3)
end.
```

Erläuterung: Das Programm dient zur Klärung des folgenden Problems. Wenn sich mehrere Personen in einem Raum befinden, dann kann man die Wahrscheinlichkeit berechnen, daß zwei von ihnen am gleichen Tag Geburtstag feiern. Diese Wahrscheinlichkeit ist für n Personen:

$$1 - \frac{365}{365} * \frac{364}{365} * \frac{363}{365} * \ldots * \frac{366-n}{365}$$

Frage: Ab wie vielen Personen ist diese Wahrscheinlichkeit größer als Ø.5?

Die Antwort ist erstaunlich und wird seit Jahrzehnten in der Literatur zur Unterhaltungsmathematik immer wieder aufgegriffen, z.B. in George Gamow: Eins, Zwei, Drei... Unendlichkeit, München 1958, und in Martin Gardner: Mathematische Rätsel und Probleme, Braunschweig 1966.

Lösungen (Programme verändern II)

Gesucht ist eine ganze Zahl K, die eine gewisse Wahrscheinlichkeit W über Ø.5 steigen läßt. Es wird für K=1, K=2, K=3 ... der Wert Q=1-W berechnet. Für K=1 ist W=Ø (d.h. Q=1), für wachsende Werte von K sinkt Q (und W steigt) nach der Formel

$$Q(K) = \frac{365}{365} * \frac{364}{365} * \frac{363}{365} * \ldots * \frac{366-K}{365}$$

Gesucht ist der erste Wert von K, für den Q kleiner als Ø.5 wird.

Offenbar liegt hier ein iterativer Prozeß vor, bei dem die Anzahl der Wiederholungen unbekannt ist. Es ist zwar syntaktisch korrekt, dazu eine **for...to** - Schleife zu benutzen, deren obere Begrenzung sehr hoch gewählt ist, um sie bei Bedarf durch einen Sprungbefehl zu verlassen. Programmiertechnisch überzeugt diese Lösung aber kaum, ist das gestellte Problem doch ein gutes Beispiel für die Nützlichkeit ereignisgesteuerter Schleifen.

Im übrigen drängt sich der Eindruck auf, daß das vorgestellte Programm direkt aus BASIC (das nicht allgemein **while**- und **repeat** - Schleifen kennt) in Pascal übertragen wurde.

Eine verbesserte Fassung des Programms ist:

```
program einszweidrei;
var Q:real; ANZAHL:integer;
begin
  ANZAHL:=Ø; Q:=1;
  repeat
    ANZAHL:=ANZAHL+1;
    Q:=Q*(366-ANZAHL)/365
  until Q<Ø.5;
  writeln('Wahrscheinlichkeit: W=',1-Q:9:6);
  writeln;
  writeln('Anzahl der Personen: K=', ANZAHL:3)
end.
```

Methodische Überlegungen

Mit dem Erlernen einer Programmiersprache können zunächst verschiedene Interessen verknüpft sein:

1) Die Programmiersprache ist ein Vehikel zum Erlernen informatischer Inhalte, d.h. es geht primär um das Verständnis informationsverarbeitender Prozesse und um Einsicht in die prinzipielle Wirkungsweise der heute dazu verwendeten Maschinen.
   Bei diesem Interesse wird man zunächst die invarianten Inhalte betonen, spezielle Eigenarten der Programmiersprache treten in den Hintergrund. Es ist dann im Grunde genommen gleichgültig, ob man Pascal wählt oder ELAN oder eine andere hinlänglich reichhaltige imperative Sprache. Kurz: man lernt nicht eine gewisse Sprache, sondern das Programmieren. Angesprochen sind dabei häufig interessierte Laien, die eine Grundbildung erwerben wollen. Für diesen Zweck gibt es mittlerweile hilfreiche und solide Literatur, z.B. [8].
2) Die Programmiersprache selbst steht im Mittelpunkt des Interesses, bereits vorhandene Kenntnisse sollen vertieft werden. Dies ist erforderlich, wenn z.B. größere Programmieraufgaben zu bewältigen sind. (M.E. ist jedes allgemein brauchbare Programm groß, denn nur wenige Spezialaufgaben, die häufig rein mathematisch orientiert sind, können durch Programme mit wenigen Zeilen gelöst werden.)

Das erste Interesse kennzeichnet (sollte kennzeichnen!) den Informatikunterricht an allgemeinbildenden Schulen, insbesondere den der Sekundarstufe I, das zweite kennzeichnet häufig den darauf aufbauenden Unterricht (Projektarbeit) bzw. das Selbststudium. Die vorliegende Aufgabensammlung richtet sich eher an die Gruppe, die durch das zweite Interesse charakterisiert wird.
Doch kann diese Aufgabensammlung auch für den allgemeinen Informatikunterricht nützlich sein. Verständlicherweise besteht bei vielen Lehrern ein großes Interesse an Anregungen zur Aufgabenkonstruktion. Die von außen gesetzte Bedingung der möglichst objektiven Benotung der Schüler legt das Schreiben von Tests und Klausuren nahe. Der dazu wünschenswerte Vorrat an sinnvollen kleineren Aufgaben ist beschränkt, es finden sich immer wieder Aufgabenstellungen des Typs "Gegeben ist die Formel für den Flächeninhalt einer Ellipse; schreiben Sie ein Programm dazu!"

Diese weit verbreitete Art der Aufgabenstellung erscheint aus mehreren Gründen wenig befriedigend.

Inhaltlicher Gesichtspunkt: Häufig stammen die Aufgaben aus dem mathematischen Bereich, was Schüler mit anderen Interessen bzw. Vorkenntnissen benachteiligt, und diese Aufgaben sind von informatischen Inhalten oft weit entfernt - immer wieder lineare und quadratische Gleichungen, das Pascalsche Dreieck, die Fibonaccizahlen!

Hinzu tritt der strukturelle Gesichtspunkt: Legt der Schüler oder Student nun eine eigene Lösung einer solchen Programmieraufgabe vor, dann ist häufig die Frage nach einer fairen Beurteilung außerordentlich schwer zu beantworten: Ob die Lösung die Merkmale des strukturierten Programmierens aufweist, treffende Kommentare eingefügt sind, Variable und Kontrollstrukturen sinnvoll gewählt wurden - wie soll dies objektiv und gerecht beurteilt werden? Andererseits darf man natürlich die syntaktische Richtigkeit nicht zum alleinigen Maßstab erheben, nur weil diese zufällig objektiv feststellbar ist. Letztendlich - das ist eine wiederkehrende Erfahrung bei der Bewertung derartiger Aufgaben - bleibt dieses aber häufig doch nur als einziger Ausweg.

Es erscheint unter den genannten Gesichtspunkten sinnvoll, von allgemeinen Programmieraufgaben abzugehen und Aufgaben sehr viel genauer zu stellen, z.B. in folgender Weise:

* Gegeben folgendes Programm, welche Ausgabe wird erzeugt?
* Das folgende Programmstück enthält zwei Syntaxfehler. Finden Sie sie!
* Das hier wiedergegebene Programm soll die folgende Problemstellung lösen: ...
  - (a) Ist es syntaktisch korrekt?
  - (b) Für welchen Bereich der einzugebenden Variablen A ergeben sich falsche Ergebnisse?
  - (c) Beurteilen Sie die Angemessenheit der Schleifenkonstruktion im Unterprogramm!
  - (d) Formulieren Sie die Fallunterscheidung statt mit **case** jetzt mit mehreren **if...then...else**!

Das Bemühen um Genauigkeit der Aufgabenstellung muß übrigens sehr ernst genommen werden, um die Schüler und Studenten vor Mißverständnissen zu schützen. Erfahrungsgemäß treten **alle** auch nur denkbaren Mißverständnisse unter den belastenden Bedingungen einer Klausur auch tatsächlich auf - und nicht nur diese! ("Hauptsatz von Murphy")

Betrachten wir ein Beispiel einer mißverständlichen Aufgabenstellung:

"In der Datei KUNDE liegen Datensätze von Kunden eines Versandhauses vor. Die Datensätze haben die Struktur

```
record
  NAME: string[40];
  :
  BONITAET: Boolean
end;
```

Erstellen Sie eine Datei mit allen Kundendaten, die Bonität haben!"
Die Prüfungspraxis führte bei dieser Formulierung unter anderem auch zu einer Lösung, die die Eingabe der betreffenden Datensätze von Hand vorsah! Bedauerlicherweise mußte diese Lösung als genauso richtig bewertet werden wie die beabsichtigte.
Die Aufgabe würde daher besser lauten: "Durchsuchen Sie die Datei KUNDE und kopieren Sie dabei alle die Datensätze, bei denen BONITAET = true gilt, in eine zweite Datei!"

Ist der Hinweis auf saubere Formulierungen nicht gerade im Zusammenhang mit dem Programmieren eine triviale Forderung? In der Theorie gewiß, in der Praxis wird sie aber häufig mißachtet! - Und auch dies ist ein trivialer Anspruch: jeder Aufgabenkonstrukteur möge seine Aufgaben zunächst selbst lösen, bevor er sie den Schülern zur Bearbeitung vorlegt. (Ein Nebeneffekt wäre, daß vermutlich viele der undifferenzierten Aufgaben der Gestalt "Programmieren Sie dieses, jenes und auch das noch" unterblieben.) Selbstverständlich sollte sich auch ein Test der Musterlösungen auf einem Computer anschließen, um z.B. die Verwendung der - nicht vorhandenen - Funktion INT zu unterbinden, die in mancher Pascal-Literatur hartnäckig auftritt.

Als Faustregel zum Zeitbedarf sei als abschließender methodischer Hinweis die Meinung gestattet, daß Schüler zur Bearbeitung ihrer Klausur die vierfache Zeit haben sollten, die der Lehrer zum Lösen der Aufgaben selbst benötigte!

Literatur

Aufgabensammlungen sind mit einem * gekennzeichnet, ebenso Lehrbücher, die viele gelöste Aufgaben enthalten.

[1] Apple Computer, Inc.: Apple Pascal Language Reference Manual. Cupertino, CA, USA 1981 [Dt: München (te-wi) 1985]

[2] Apple Computer, Inc.: Apple Pascal Operating System Manual. Cupertino, CA, USA 1981 [Dt: München (te-wi) 1985]

[3] Apple Computer, Inc.: Apple Pascal 1.2 Update Manual. Cupertino, CA, USA 1983 [Dt: München (te-wi) 1985]

[4] Atkinson, Laurence: Pascal Programming. New York usw. (Wiley) 1980

[5] Baumann, Rüdeger: Informatik mit Pascal. Stuttgart (Klett) 1981

[6] * Becker, Karl-Heinz / Lamprecht, Günther: Einführung in die Programmiersprache Pascal. Braunschweig usw. (Vieweg) ^{2}1984

[7] Bosler, Ulrich u.a.: Grundbildung Informatik. Stuttgart (Metzler) 1985

[8] Bosler, Ulrich u.a.: Metzler Informatik. Stuttgart (Metzler) 1984 ff. [Das Werk besteht aus Grundband, Lehrerband und mehreren Sprachenbänden.]

[9] Bowles, K.L.: Pascal für Mikrocomputer. Berlin usw. (Springer) 1982

[10] Buckner, K. / Cookson, M.J. / Hinxman, A.I. / Tate, A.: Using the UCSD-p-System. London usw. (Addison-Wesley) 1984

[11] * Buhl / Fischer / Sareyka: Informatik-Unterricht mit PASCAL. Aufg. m. Lsg. i. CBM-TCL-PASCAL. Düsseldorf (Pädagogik & Hochschul Verlag) 1982

[12] Cherry, George W.: Pascal Programming Structures. Reston, Virginia, USA (Prentice-Hall) 1980

[13] Conway, Richard / Gries, David / Zimmerman, E.C.: A Primer On Pascal. Cambridge, Mass., USA (Winthrop) 1976

[14] Dahl, O.-J. / Dijkstra, E.W. / Hoare, C.A.R.: Structured Programming. London usw. (Academic) 1972

[15] Dässler, Klaus / Sommer, Manfred: Pascal. Berlin usw. (Springer) ^{2}1985 [Enthält DIN 66 256 und sehr verständliche Erläuterungen.]

[16] Dijkstra, Edsger W. / Feijen, W. H. J.: Methodik des Programmierens. Bonn (Addison-Wesley Deutschland) 1985

[17] Dresch, Peter / Frobel, Gunter / Koschorreck, Hans-Jürgen: Elementare Algorithmen. Paderborn (Schöningh) 1984.
Dresch, Peter / Frobel, Gunter / Koschorreck, Hans-Jürgen: Algorithmen und Datenstrukturen. Paderborn (Schöningh) 1984.
[= Informatik für die Sekundarstufe II, Bände 1 und 2]
[Die Lösungen der dort gestellten Aufgaben finden sich in separat erhältlichen Begleit- und Lösungsheften.]

[18] Eisenbach, Susan / Sadler, Christopher: Pascal for Programmers. Berlin usw. (Springer) 1981

[19] Erbs, Heinz-Erich/ Stolz, Otto: Einführung in die Programmierung mit PASCAL. Stuttgart (Teubner) ^{2}1982

[20] Heimsoeth Software: Turbo Pascal 3.0 Handbuch. München ^{3}1985

[21] Horowitz, Ellis: Fundamentals of Programming Languages. Berlin usw. (Springer) 1983

[22] Jensen, Kathleen / Wirth, Niklaus: Pascal User Manual and Report. Berlin usw. (Springer) ^{3}1985

[23] Kaiser, Richard: Grundlegende Elemente des Programmierens. Basel usw. (Birkhäuser) 1985

[24] * Kaucher, Edgar u.a.: Programmiersprachen im Griff, Band 6: Übungen und Tests in Pascal. Mannheim (Bibl.Inst.) 1984

[25] * Kohler, Hansrobert: Technisch-naturwissenschaftlicher Pascal-Trainer. Braunschweig usw. (Vieweg) 1985

[26] Lings, Brian: Information Structures. London (Chapman) 1986

[27] Ottmann, Th. / Schrapp, M. / Widmayer, P.: PASCAL in 100 Beispielen. Stuttgart (Teubner) 1983

[28] Ottmann, Th. / Widmayer, P.: Programmierung mit PASCAL. Stuttgart (Teubner) ^{3}1986

[29] Partosch, Günther: Pascal mit Arbeitsplatzrechnern. München (Hanser) 1986

[30] * Pohlmann, Dietrich (Hrsg.): Materialien zum Kursunterricht Mathematik, Teil 4: Informatik. Köln (Aulis) 1986

[31] Remmele, Werner: PASCAL sytematisch. Berlin usw. (Springer) 1983

[32] * Schauer, Helmut: PASCAL-übungen. München (Oldenbourg) ^{2}1985
Schauer, Helmut: PASCAL für Anfänger. München (Oldenbourg) ^{3}1979

[33] Tenenbaum, Aaron M. / Augenstein, Moshe J.: Data Structures using Pascal. Englewood Cliffs, N.J., USA (Prentice-Hall) 1981

[34] Weber, Wolfgang J.: Modula-2 verglichen mit Pascal. In: Schumny, H. (Hrsg.): PC Praxis. Braunschweig usw. (Vieweg) 1986

[35] Weber, Wolfgang J. / Mrowka, Michael: Grundkenntnisse Pascal. Essen (Girardet) ^{2}1986

[36] Wilson, I.R. / Addyman, A.M.: Pascal. München (Hanser) ^{3}1984

[37] Wirth, Niklaus: Algorithmen und Datenstrukturen. Stuttgart (Teubner) ^{3}1983. [Ab ^{4}1986 wird als Programmiersprache Modula-2 benutzt.]

[38] Wirth, Niklaus: Programmieren in Modula-2. Berlin usw. (Springer) 1985

[39] Wirth, Niklaus: Systematisches Programmieren. Stuttgart (Teubner) ^{5}1985

Titel der Aufgabenblätter

Ordnung nach Seiten

Geschützte Wörter und vordefinierte Namen 11
Pascal-Vokabular 13
Vereinbarungsteil 15
Typ- und Variablenvereinbarungen 17
Konstantenvereinbarungen 19
Syntaxdiagramm 21
Zahlenausdrücke 25
Rechenoperationen I 27
Rechenoperationen II 29
Die Operatoren div und mod 31
Programmverständnis 33
Transzendente Funktionen 35
Real-Arithmetik 37
Einfache Abfragen 41
Logische Ausdrücke I 43
Logische Ausdrücke II 45
Logische Ausdrücke III 47
Zählschleifen 51
Schleifenarten 53
Fallbeispiel Schleifenkonstruktion 55
Aufzählungen 61
Unterbereiche 63
Vereinbarung von arrays 65
Benutzung von arrays 67
Zeichenketten als arrays of char 69
Zeichenketten als Strings 71
Verbunde 73
Mengen 75
Zahlenmengen 77
Häufige Syntaxfehler 81
Einfache Programmierfehler 83
Das Semikolon 85
Versteckte Programmierfehler 87
Grundlagen I (Unterprogramme) 93
Grundlagen II (Unterprogramme) 95
übergabe von Variablen und Ergebnissen 97
Parameter 99
Selbstdefinierte Prozeduren 101
Selbstdefinierte Funktionen 103
Bereichsregeln für Variable (scope) 105
Rekursion - Iteration I 107
Rekursion - Iteration II 109
Allgemeine Dateien 115
Dateivariable 117
Textdateien 119
Einfach verkettete Liste 123
Warteschlange 125
Baumstruktur 127
Beispiel: Zahl als Text 133
Defensives Programmieren 135
Programmverständnis 137
Programme verändern I 139
Programme verändern II 141

TITEL DER AUFGABENBLÄTTER

Alphabetische Ordnung

Allgemeine Dateien 115
Aufzählungen 61
Baumstruktur 127
Beispiel: Zahl als Text 137
Benutzung von arrays 67
Bereichsregeln für Variable (scope) 105
Dateivariable 117
Defensives Programmieren 135
Einfach verkettete Liste 123
Einfache Abfragen 41
Einfache Programmierfehler 83
Fallbeispiel Schleifenkonstruktion 55
Geschützte Wörter und vordefinierte Namen 11
Grundlagen I (Unterprogramme) 93
Grundlagen II (Unterprogramme) 95
Häufige Syntaxfehler 81
Konstantenvereinbarungen 19
Logische Ausdrücke I 43
Logische Ausdrücke II 45
Logische Ausdrücke III 47
Mengen 75
Operatoren div und mod 31
Parameter 99
Pascal-Vokabular 13
Programme verändern I 139
Programme verändern II 141
Programmiermethodik 133
Programmverständnis 33
Real-Arithmetik 37
Rechenoperationen I 27
Rechenoperationen II 29
Rekursion - Iteration I 107
Rekursion - Iteration II 109
Schleifenarten 53
Selbstdefinierte Funktionen 103
Selbstdefinierte Prozeduren 101
Semikolon 85
Syntaxdiagramm 21
Textdateien 119
Transzendente Funktionen 35
Typ- und Variablenvereinbarungen 17
übergabe von Variablen und Ergebnissen 97
Unterbereiche 63
Verbunde 73
Vereinbarung von arrays 65
Vereinbarungsteil 15
Versteckte Programmierfehler 87
Warteschlange 125
Zahlenausdrücke 25
Zahlenmengen 77
Zählschleifen 51
Zeichenketten als arrays of char 69
Zeichenketten als Strings 71

Stichwortverzeichnis

abs 24
Abschneidefunktion
trunc 24, 27, 29
Absolutbetrag 24
Aktualparameterliste 90 ff
and 39
Anweisungsteil 9
Arcuscosinus 35
Arcustangens 24, 36
array 57 ff
Aufgabenkonstruktion 144
Aufzählung 16, 57, 61

Baum 127
binäres Suchen 128
Binomialkoeffizienten 133
Boolean 39

call-by-reference 22, 90
call-by-value 22, 90
case 14, 62
char 57
char, array of 69
const 19

dangling else 45
Dateien 111 ff
Dateifenster 111 ff
Dateityp text 112 ff, 119
Dateivariable 111 ff
Datentypen,
- einfache 10, 57
- strukturierte 10, 57 ff
defensives Programmieren 135
dekadischer Logarithmus 35
DIN 8
div 13, 23, 27, 31
do 13
dynamische Datenstruktur 121 ff

einfache Datentypen 10, 57
else, dangling 45
eof 111 ff
eoln 112 ff
Ergebnistyp e. Funktion 96, 97
Ersetzungszeichen 6
exit 94, 139

Fakultät 37, 91, 133
Fallunterscheidungen 42 ff, 62
Fehlerquellen 79
Feld (synonym : array) 58
FIFO 125
file 57, 111 ff
for ... to 49 ff, 140
Formalparameter 21
Funktion 89 ff

ganzzahlige Division
(div) 13, 23, 31
geschützte Wörter 10, 11
GGT 107
globale Variable 90 ff
goto 93, 141
Groß - / Kleinschreibung 6

Indextyp eines arrays 58
Integer-Division (div) 13, 23, 27, 31
Integer-Zahl 23, 25
interactive (UCSD Dateityp) 114
ISO 8
Iteration 92 ff

Komponenten struktu-
rierter Datentypen 58, 111
Kommentarklammern 6
Konstanten 19
Kopfzeile 9
Korrektheit,
- semantische 10, 79 ff, 87
- syntaktische 10, 79, 81, 83

Laufzeitfehler 79 ff
Liste 123, 125
ln 35
LOG 35
Logarithmusfunktionen 35
logische Fehler 80, 83 ff
lokale Variable 90 ff

maxint 23, 80, 134
Mengen 59 ff, 75, 77
Mengenkonstanten 60
methodische überlegungen 143
Mittelwert, arithmetischer 123
mod 23, 29, 31

naturlicher Logarithmus 35
n-Damen-Problem 139
Nebeneffekt 90, 99, 106
nil 121
not 39

of 13
Operator-Hierarchie 23, 39
or 39
Ordinaltypen 57

packed 58
Parameterübergabe 22, 90
Pascal-Syntax 9 ff
Programmierstil 131 ff
Prozedur 89 ff

Queue 125

read 95, 111 ff
Real-Zahl 23, 25 ff
Rechenoperationen 23
record 57 ff
Rekursion 91 ff, 107-110, 127, 133
repeat ... until 49 ff
reset 112 ff
rewrite 112 ff
round 24, 27, 29
Runden einer Real-Zahl 37, 119

Schleifen 49 ff
Schlüsselwörter 10
scope 105
seek 113, 114
Semikolon 79, 85
set 57 ff
sqrt 24
Standardbezeichner siehe:
vordefinierte Namen
Standard-Pascal 8
Stennenzahl einer Real-Zahl 38
string 58, 71
strukturierte Datentypen 10, 57 ff
strukturiertes Programmieren 131
Syntax-Diagramme 10 ff, 21
Syntaxfehler 81 ff

text 112 ff, 119
transzendente Funktionen 35
trunc 24, 27, 29
Turbo-Pascal 7, 113
type 15,17

Übersetzungszeitfehler 79 ff
UCSD-Pascal 7, 114
Unterbereich 16, 57, 63
Unterlauf 79
Unterprogramme 89 ff

var 15, 22
Variable (lokal / global) 90 ff
Variablenparameter 90
Varianz 123
Vereinbarungsteil 9 ff, 15, 17
vordefinierte Namen 6, 10-12

Warteschlange 125
Wertparameter 90
while ... do 49 ff
Wirtstyp 57
write 111 ff

Zahlenmengen 77
Zeichenketten 58, 69 ff
Zeiger 98, 121 ff
Zeitbedarf 3, 145